KB072155

건축실무

건축설계를 건축물로
구현하기 위한 안내서

건축실무

Paul Segal, FAIA 지음 | 김진호·김한규 옮김

Professional Practice

건축설계를 건축물로
구현하기 위한 안내서

씨아이알

컬럼비아대학교 건축대학원[1]에서 20년 가까이 '건축실무 Professional Practice' 교과목을 가르치면서, 일반적인 실무자의 관점에서 주제를 간결하게 다루는 교재가 부족하다는 것이 이 교과 과정의 가장 큰 문제 중 하나라는 것을 알게 되었습니다. '건축설계를 건축물로 구현하기 Turning Designs to Buildings'라는 부제가 붙은 이 과목을 가르칠 때의 장점 중 하나는 학생들의 매우 낮은 기대치로부터 이익을 얻는다는 것입니다. 학생들의 일반적인 기말 강의평가는 "이 과목은 고통스러울 정도로 지루할 것으로 예상했지만, 졸업을 위해 필수과목이라 어쩔 수 없이 수강신청을 하였으나, 실제로 기대했던 것보다 훨씬 좋았다"로 시작합니다. 처음부터 이러한 학생들을 위한 책의 저자가 되고 싶은 생각은 없었지만, 건축학과 학생이라면 누구나 들어야 하는 이 과목을 위한 좋은 책이 있었으면 좋겠다고 생각했습니다. 다른 책보다 분량이 적은 이 책이 더 나을지도 모르겠네요.

컬럼비아대학교 건축학과 대학원 학장으로 재직 중이었던 제임스 폴섹 James Polshek[2]은 건축실무 수업을 담당할 교수로 대기업의 사업 파트너를 선택하는 기존의 관습을 깨고, 단순히 사업보다는 디자인에 관심이 더 많고 실무를 수행 중인 건축사인 저를 선택하였습니다. 그는 현명하게도 건축사들이 자신의 설계를 보호하기 위해 알아야 할 것, 즉 개념부터 완성까지 초점을 맞추자고 제안하였습니다. 이러한 쟁점들은 제 수업의 핵심이며, 이 책의 기본적인 사항으로 다루고 있습니다.

이 책의 두 번째 목적은 건축사들을 설득하는 것입니다. 이러한 건축사들은 건축학교에서의 교육을 시작으로 건축사사무소 직원으로서, 그리고 심지어 임원으로서도 혼자 또는 여럿이 모여 실무를 합니다. 그들은 고객과 사회를 위해 가치를 더하는 노력을 기울여야 합니다. 이는 고상하게 들릴 수 있겠지만 실제로 그렇게 해야 합니다.

건축이 제대로 이루어졌을 때, 그것은 또한 진실이 됩니다. 훌륭하게 수립된 계획과 신중하고 사려 깊은 설계를 통해 건축주는 프로젝트에 투입하는 모든 자원(토지, 자재, 시간, 비용, 노력)을 보다 효과적이고 현명하게 활용할 수 있으며, 목적에 부합하고 효율적인 결과물(건축물)을 얻을 수 있습니다. 또한, 내구성이 우수하고 유지보수가 쉬운 건물을 통하여, 건물을 사용하는 사람들에게 끊임없는 기쁨의 원천이 될 수 있습니다.

따라서 계획 및 설계의 쟁점들을 이해하고, 이를 달성하기 위한 서비스가 제공되는 방식을 이해하는 것은 필수적입니다. 또한, 건축주에게 이러한 쟁점들을 명확하게 설명하는 것은 매우 중요합니다. 그들의 기대가 우리의 노력과 일치한다면, 그들은 실망하지 않을 것입니다. 그리고 그들은 그들의 일을 대신해서 우리가 하는 일에 대해서 감사를 표하고 이에 대해 합당한 보상을 할 것입니다. 건축주는 우리가 그들을 위해 무엇을 할 것으로 생각하는지와 우리가 그들을 위해 무엇을 하고 싶고, 할 수 있는 것 사이에 차이가 생기는 만큼(즉, 그들의 거는 기대와 현실 사이에 간극이 존재한다면) 이는 항상 문제가 될 것입니다. 만약 건축주가 우리가 시공자의 일을 보증할 수 있다고 생각했다가, 그 후에 그렇지 않다는 사실을 알게 된다면 건축사에게 크게 역정을 낼 것입니다(저는 다양한 상황에서 시공자로부터 가능한 최선의 결과를 얻는 방법을 설명하겠지만, 그것은 보장 guarantee과는 매우 다릅니다).

이 책의 내용에 대해서 몇 가지 부가 설명을 하려고 합니다. 제가 종종 "어떤 것이 행해져야 할 방법이 여기 있다"라고 말하지만, 그것은 그것이 실제로 행해져야 할 유일한 방법이며, 항상 그렇게 이루어져야 한다는 것을 의미하는 것은 아닙니다. 전문가로서 기본적인 측면 중 하나는 모든 상황을 주의 깊게 살펴보고 고려해서 일반적인 반응이나 행동(다음 장에서 논의할 내용)이 적절한지, 아니면 특정한 상황에 따라 다른 대답을 요구하는지를 살펴봐야 한다는 것입니다. 사려 깊은 전문가가 되는 것은 흑백이 아닌 많은 상황을 평가하는 것을 포함합니다. (만약 그렇다면, 우리는 잘 프로그래밍이 된 로봇으로 대체될 수 있을 것입니다) 많은 쟁점은 많은 음영과 뉘앙스를 지닌 애매한 회색의 영역에 속합니다. 이러한 것들이 건축실무를 매우 복잡하게 만듭니다. 또한 바로 이로 인해 건축실무를 흥미롭게 만드는 것이기도 합니다.

여러분은 이 책에서 '윤리'라는 제목의 장(또는 영역)이 없다는 것을 알게 될 것입니다. 제가 이 내용을 빠뜨렸다고 해서 그 주제에 관한 관심이 부족하다고 해석하지 말아 주시기 바랍니다. 저는 오히려 윤리적인 행동이 전문가 삶의 핵심적인 부분이며 모든 활동과 행동에 스며드는 확고한 신념에 바탕을 두고 있다고 생각합니다. 저는 건축주,

직원, 사회, 가능한 이해 상충에 대한 중재, 지구의 제한적인 자원을 고려한 친환경 설계, 서비스 대가, 설계공모, 그리고 전문가에 의한 행동 요령 등 많은 부분에서 윤리를 언급합니다.

윤리는 항상 몇 가지 기본 사항으로 요약됩니다. 즉, 다른 사람이 여러분을 대하기를 원하는 대로 다른 사람을 대하고, 정직하고 솔직하며, 고객과 사회의 이익을 위해 봉사하는 것입니다. 윤리적인 것은 분명 건축사로서 더 많은 성공과 재미를 줄 것입니다(만약 당신이 어떤 일을 하는 것이 불편하거나, 하는 일을 다른 사람에게 알리고 싶지 않다면, 앞으로 그 일을 해야 하는지를 고려하기 바랍니다).

초기 아이디어를 스케치하고 모형으로 만드는 때와 결과물(건축물) 안에서 걸어 다닐 수 있는 기간 사이에는 길고 복잡한 과정이 있습니다. 저는 여러 단계를 짧고 명료한 문장으로 설명하려고 노력했습니다. 독자 여러분도 제가 쓴 만큼, 그리고 제가 가르치는 만큼 재미있게 읽어 주셨으면 좋겠습니다. 그리고 전문적인 방식으로 실무를 수행하는 방법을 배우는 것이 저만큼 건축 일을 사랑하는 데 도움이 되시길 바랍니다.

[1]   정식 명칭은 Columbia University Graduate School of Architecture, Planning and Preservation로, GSAPP이며 컬럼비아대학교 내 건축, 계획, 보존을 중심으로 이루어진 전문대학원이다.

[2]   FAIA이자 2018년에 AIA Gold Medal을 수상하였다. 현재는 Ennead Architects (이전에는 Polshek Partners)의 명예 파트너(Emeritus Partner)이다. 참고로 Ennead Architects의 국내 작품으로는 서울외국인학교 신설고등학교(Seoul Foreign School, New High School, 국내건축사사무소인 범건축과 협업)이 있다.

어린 시절부터 지난주까지 많은 분들이 이 책을 구성하는 아이디어에 이바지해 주셨습니다. 다음 분들께 특별히 감사의 말씀을 전합니다.

신뢰와 낙관주의를 통해 우리가 일하는 이유를 부여하고, 여러 분야에서 많은 것을 배울 수 있게 해준 고객들.

지난 35년간 함께 일하며 실무의 즐거움과 교훈을 공유한 재능 있고 헌신적인 건축사사무소 동료들, 다수는 여전히 우리와 함께 일하고 있으며, 지금은 각자 자신의 성공적인 건축사무소 책임자로 함께하고 있습니다(아마도 우리가 이룬 최고의 업적일 것입니다).

그동안 전문지식과 중요한 결정들을 공유해 준 많은 협력업체가 있습니다. 특히, 40년 넘게 구조 엔지니어로 우리를 도와준 로버트 실먼 Robert Silman, 그리고 비즈니스와 법률적 지혜를 제공해주신 건축전문 변호사 레리 게인 Larry Gainen에게 감사의 말을 전합니다. 이들 모두가 기술적인 지식만큼 상식과 사려 깊음을 가지고 저희와 같이 일을 하고 있다는 사실에 감사드립니다.

우리가 프로젝트에 대한 작업을 공유한 관련 건축사들, 특히 엘리엇 글래스 Elliott Glass, 바튼 마이어스 Barton Myers, 버니 로스제이드 Bernie Rothzeid 그리고 그의 파트너들을 통해 프로정신에 대한 훌륭한 교훈을 얻게 되었습니다.

저희와 함께 일했던 시공자들, 그들의 관리 기술, 건설에 관한 지식, 추진력, 열정을 통해 우리가 고객들을 섬기고 프로젝트를 실현하는 데 도움을 주었습니다. 고품질의 공사를 실현하기 위하여 그들의 개인적인 기술, 헌신, 그리고 전문지식을 지닌 숙련된 장인들이 모두 필요하였습니다.

미국건축사협회 뉴욕지부 AIA New York Chapter를 통해 알게 된 제 친구들과 동료들, 그리고 제가 이 분야의 발전을 위해 함께 일해온 진정한 멘토들은 다음과 같습니다. 피터 샘턴 Peter Samton, 저와 함께 리더십을 개발을 공유한 랜디 크록스턴 Randy Croxton과 바트 보상어 Bart Voorsanger, 그리고 제가 이 책을 쓰도록 이끈 데이비드 스펙터 David Spector가 바로 그들입니다.

제가 30년 이상 건축실무 수업을 맡도록 특권을 허락한 컬럼비아대학교 제임스 폴섹 James Polshek, 버나드 츄미 Bernard Tschumi, 마크 위글리 Mark Wigley 학장님, 그리고 제가 수업을 계속 진행하도록 지지해 준 아말레 안드라오스 Amale Andraos 학장님. 또한 10년 넘도록 프랫대학교에서 총명하고 탐구열로 가득한 학생들에게 이 수업을 가르치도록 허락한 학교에도 감사를 드립니다.

프린스턴대학교 건축학교에 계시는 제 은사님, 특히 마이클 그레이브스 Michael Graves와 찰스 과스메이 Charles Gwathmey는 학생들에게 건축이 단순한 직업 이상으로 삶의 일부분이며, 이를 간직하도록 바라는 건축사가 되도록 가르쳤습니다.

이 책을 만드는 데 도움을 주신 분들은 다음과 같습니다. 나의 이전 학생이자 사무실 동료인 에밀리 소벨 Emily Sobel, 나의 철저한 연구자이자 교정을 도와준 조슈아 빅 Zsuzanna Vig, 그리고 특히 우아한 편집, 명확한 질문, 그리고 항상 뛰어난 취향을 가진 낸시 그린 Nancy Green. 그녀는 편집자로서 이 책을 쓰는 것이 가장 흥미롭고 보람 있는 경험 중 하나로 만들어 주었습니다.

우리 가족. 사회적 관심사를 행동으로 옮기는 데 지성과 기술을 겸비한 여동생 수잔, 다른 세대의 관점과 관심사를 알려주고 나와 다른 모든 사람들이 사물을 너무 심각하게 받아들이지 않게 해주며 이 책의 독자들이 더 나은 세상을 만들기를 바라는 내 딸 엠마와 사라, 가치와 친절의 중요성을 가르쳐주신 어머니, 그리고 건축을 제외한 내가 아는 거의 모든 것을 가르쳐 주셨고, 이 책에서 그 지혜를 아낌없이 활용하고 있으며 아들이 가질 수 있는 최고의 롤 모델인 나의 아버지, 지적인 명석함과 개인적인 연민, 놀라운 명료함과 능력을 갖춘 나의 아내 크리스틴에게 감사의 말을 전합니다.

마지막으로, 마이클 프리빌 Michael Pribyl은 저와 거의 40년 동안 실무 파트너였고, 이전에는 건축학과 대학 동창이었습니다. 제가 실무에 대해 말할 때 항상 '나' 대신 '우리'라고 말하는 이유입니다. 마이클은 설계에 훌륭한 재능과 성실성을 가졌으며, 그를 파트너라고 부를 수 있음을 무척 영광으로 생각합니다.

우리나라 건축설계 교육은 2000년대 초반 건축학교육 인증제도가 도
입되면서 다방면으로 변화가 일어났습니다. 그중에서도 '건축실무'는
당시에는 새롭게 도입된 교과목이었으며, 기존 교과목과는 달리 학교
교육과 현장 실무의 매개를 담당하는 핵심적인 역할을 하고 있습니다.
건축실무에 있어서 역자는 무엇보다 '건축사 Architect'라는 전문직이 가
지는 의미와 역할을 먼저 정의하고, 실무를 수행하는 근본적인 접근방
식과 현장에서 꼭 필요한 업무에 대한 이해가 중요하다고 생각합니다.

   이러한 목적과 부합하는 교재를 물색하던 중, 미국 컬럼비아대학
교 건축대학원에서 건축실무 과목을 담당하신 폴 시걸 Paul Segal, FAIA
교수님의 저서를 발견하고, 번역을 시작하게 되었습니다. 이 책은 오
랜 기간 실무 경험에서 나온 다양한 사례들을 선보이며, 현장감이 살
아있는 내용들로 구성된 강의록이자 후배들을 향한 애정 어린 고백록
입니다. 원서의 부제 'A Guide to Turning Designs into Buildings'에
서 언급되었듯이, 건축실무의 범위는 건축설계를 건축물로 구현하기
과정에서 요구되는 기획, 설계, 사후설계관리, 스케줄관리까지 고객
이 필요로 하는 기본적인 서비스를 제공하는 것뿐만 아니라 건축사사
무소 개설과 운영, 프로젝트 수주 및 관리, 계약서 및 보험, 법률에 이

르는 다방면의 영역을 다루고 있습니다. 따라서 이 책을 통해 미국 건축대학의 건축실무 교과목에서 다루는 내용을 단편적으로나마 확인할 수 있으며, 또한 우리나라 설계사무소 현장과의 공통점과 차이점을 엿볼 수 있는 자료라고도 할 수 있습니다.

이 책은 미국의 건축실무를 다루기 때문에 우리나라의 실무 환경과 법, 제도, 관습 등의 측면에서 일치하지 않는 부분들도 있습니다. 그런데도 이 책이 의미가 있는 이유는 현대적인 건축실무를 오래전부터 발전시킨 미국의 오랜 경험에서 나오는 건축실무의 본질적인 역할과 질문들에 대한 고민과 그 시사점들을 배울 수 있기 때문입니다. 따라서 이 책은 전반적인 건축실무를 종합적으로 이해하는 데도 도움이 되지만 현재 우리나라의 건축실무를 개선하고 발전시키는 데도 도움을 줄 수 있다고 생각합니다.

무엇보다 이 책이 건축실무 교과목을 담당하시는 교수님들과 현장에서 건축실무를 수행하는 건축사(보)에 이르기까지 곁에 두고 참고할 수 있는 책이 되기를 희망해봅니다. 그리고 개인적으로도 이번 번역과정을 통해 건축실무에 관한 내용과 그 중요성을 재확인한 뜻깊은 시간이었습니다. 마지막으로 이 책이 출판되기까지 꼼꼼한 편집과 교정 작업으로 애써주신 최장미 선생님을 비롯한 도서출판 씨아이알 관계자분들에게 진심으로 감사의 말씀을 전합니다.

2023년 7월
역자 일동

CHAPTER 1

건축사라는 직업에 대하여

About the Profession

건축사라는 직업에 대하여

About the Profession [1]

사람들은 충족되어야 할 필요가 있으므로 건물을 짓습니다. 어떤 회사는 성장하고 있으며, 따라서 새로운 공장이나 사무실이 있어야 합니다. 어떤 종교 모임은 그 규모가 성장함에 따라 새로운 예배 장소가 있어야 합니다. 어떤 가족은 시골에 땅을 매입하여 휴가용 주택을 지으려고 합니다. 아마 그 누구도 단지 재미로 건축을 하는 사람은 없을 것입니다. (비록 아이를 낳고 키우는 것 외에, 나에게 무언가를 만드는 것보다 더 재미있고 만족스러운 것은 없지요!) 그것은 비용이 많이 들고 시간이 많이 소요되는 엄청난 노력이 요구됩니다. 여전히 많은 건물이 지어지고 있습니다–어떤 건물들은 훌륭하지만, 대부분은 평범한 건물들입니다. 우리는 종종 전자를 '건축' 그리고 후자를 '건물'이라고 부릅니다.

건축사들은 무슨 일을 하는가요? 대체로 일반 대중은 이에 대해 잘 알지 못합니다. 꽤 수준 높은 고객들은 저에게 "청사진blueprint[2]을 만드나요?"라고 묻기도 합니다. 글쎄요, 우리 회사는 설계안을 만들어내고, 이는 청사진을 만드는 데 쓰이는 도면이나 컴퓨터 파일이 됩니다. 하지만 이것은 정확하지 않습니다. 복사 방법의 일종인 청사진 제작은 지난 50년 동안 거의 사용되지도 않았습니다. 우선, 건축일은 전문 영역에 속합니다. 그것은 무엇을 의미할까요?

What Is a Profession?
전문직이란 무엇인가?

에이브라함 플렉스너Abraham Flexner는 1915년 컬럼비아대학교 사회복지대학원The School of Social Work 설립 연설에서 일반적인 직업과 다른 전문직의 특성을 다음과 같이 여섯 가지로 정의하였습니다.

1. 전문직은 보통 이상으로 복잡한 지식의 저장소를 포함한다.
2. 전문직은 하나의 지적인 기업이다.
3. 전문직은 이론적이고 복잡한 지식을 가지고 인간과 사회 문제 해결에 적용한다.
4. 전문직은 지식의 축적을 추가하고 개선하기 위해 노력한다.
5. 전문직은 일반적으로 대학을 통해 다음 세대에게 지식을 전수한다.
6. 전문직은 입학에서부터 실무 및 실습의 기준을 설정하는 동료들로 구성되는 경향이 있다.

전문직에 종사하는 사람은 (단순히) 이익을 추구하는 것뿐만 아니라 남을 위해 봉사하려는 열의, 즉 이타적인 정신을 지녀야 합니다. (따라서) '전문적인professional'의 반의어는 '상업적인commercial'이라는 단어일 것입니다.

많은 직업을 가진 실무자들이 자신을 전문가로 정의하기를 원하는 이 시대에, 저는 플렉스너가 위에서 정의한 6가지 특성으로 항상 되돌아가서 생각합니다.

플렉스너의 관점에서 건축은 전문직으로서 어떤 역할을 하고 있을까요? 어떤 면에서는 아주 잘하고 있으나(1번, 2번, 3번), 어떤 면에서는 개선의 여지가 있습니다(4번 및 5번). 그리고 한 분야(6번)에서는 정부에게 자격에 대한 책임을 부분적으로 넘기기도 하였습니다.

Licensing
자격

건축사자격 취득의 목적은 대중의 건강과 안전, 그리고 복지를 지키는 정부의 임무를 완수하는 것입니다. 정부가 관여하게 되는 많은 사안과 마찬가지로, 일부 사람들은 이것이 개인의 권리에 대한 침해라고 생각할 수 있습니다. 정부는 내가 내 일을 통해 무엇을 할 수 있는지 어디까지 관여할 수 있을까요(자격)? 나의 재산/토지(조닝)으로?

일반인은 공공에 서비스를 제공하는 사람이 건축, 법률 또는 의료 서비스에 상관없이 합리적으로(또는 최소한으로) 그렇게 할 자격이 있는지 알 방법이 없습니다. 따라서 정부가 실제로 특정 사람들이 그러한 서비스를 제공할 자격을 갖추도록 훈련시키고, 그들이 적합한 경험 및 성품을 가지고 있다는 것을 증명함으로써 돕는 것이 타당합니다.

일반적으로 직업과 관련하여, 미국의 주 정부는 두 가지 문제를 규제합니다. 첫째는 사람들이 자신을 무엇이라고 지칭하는 것을 허용하는지, 둘째는 사람들이 무엇을 할 수 있도록 허용되는 범위의 문제입니다. 이것은 '직함 행위'(자신을 지칭하는 것이 허용됨)와 '실행 행위'(자신이 할 수 있는 일)라고 불리는 전문 자격법의 두 가지 일반적인 부분입니다. 미국건축가협회AIA나 연방정부가 아닌 주 정부가 이러한 개인에게 자격증을 부여합니다. 다양한 주들이 국가건축사등록위원회National Council of Architectural Registration Board, NCARB를 통해 개인의 시험과 인가를 돕기 위해 조직했지만, 각 주 정부는 여전히 건축사들이 스스로 건축사라고 부르고 건축의 관행을 구성하는 것으로 간주되는 일을 할 수 있도록 자격증을 발급합니다.

대부분의 주 정부에서는 다음과 같은 방법으로 자격을 부여합니다.

1. 공인된 건축교육 기관에서 전문학위를 취득함으로써 교육요건을 충족한다(일부 주에서는 전문학위를 취득하는 대신 자격을 취득한 건축사의 지도하에서 얻은 장기간의 실무경험을 전문학위와 동등함을 허용한다).
2. 자격을 소지한 건축사를 위해 통상 3년간 근무함으로써 실무경험을 쌓는 일을 인턴십이라 한다.

3. NCARB의 후원으로 작성되고 각 주에 의해 관리되는 일련의 자격 시험, 종종 건축사 등록 시험Architects Registration Exam, ARE을 통과한다.
4. 좋은 성품(즉, 특성이 아닌 좋은 인격을 가지고 있다는 것을 증명)을 가져야 한다.

점점 더 많은 주에서 NCARB의 건축실무 프로그램Architects Experience Program, AXP,[3] 이전의 인턴 개발 프로그램(Intern Development Program, IDP)은 지원자가 인턴기간 동안 건축사 업무의 다양한 측면을 경험하고 참여했는지 확인하기 위해, 예비건축사(건축사보) 개개인의 실제 학습 단계를 추적하는 데 사용됩니다. 어떠한 경우에는 건축사보가 3년 동안 계단 디테일을 그리는 것 이외에 아무것도 안 할 수 있어서입니다.

건축사자격을 유지하기 위해, 일반적으로 자격을 가진 건축사는 좋은 실무 규준을 유지하고, 특정 주의 행동 규칙rules of conduct을 준수해야 하며, 일부 주에서는 평생 학습의 목표를 유지하기 위해 지속적인 교육continuing education 프로그램에 참여해야 합니다. 그리고 주 정부에 건축사자격을 유지하기 위한 등록비용을 지불해야 합니다.

건축사 자격증과 관련된 일은 주 정부의 기능이므로, 해당 주 정부의 건축사 자격증을 관장하는 관련기관에 문의하고, 건축사 자격증을 획득 후, 이를 유지하기 위한 구체적인 요구사항을 확인해야 합니다.

미국인의 정서에서 바라본 건축사의 위치

반세기 이상 전에 쓰여진 아인 랜드Ayn Rand
의《파운틴헤드The fountainhead》[4]만큼 건축사라는 직업에 대한 사람들
의 생각에 큰 영향을 미친 책(또는 영화, 미디어 선호도에 따라 다르겠
지만)은 없을 것입니다. 여기 주인공으로 나오는 하워드 로크Howard
Roark[5]는 재능을 갖추었으나, 타협하지 않는 외로운 영웅으로 그려집
니다. 그는 강한 개성을 가진 인물로 그려진 주인공으로 의심할 여지
없이 많은 건축사의 모델이었으며, 실제로 건축사라는 직업에서의 모
든 개인의 총체적인 문화를 반영합니다. 실제로 당시 일반 대중은 이
책을 통해 건축사라는 직업에 대해 알게 되었으며, 그러한 점에서 이
책은 크게 이바지하였습니다. 로크는 매력적이고 로맨틱한 인물이며,
자신이 중요하며, 진실하고, 옳다고 생각하는 생각을 끝까지 밀고 나
가지만, 고객(또는 일반 대중)은 그를 아직 이해하지 못합니다. 때때
로 이것은 유용한 접근법이기도 하지만, 21세기에 학생 여러분 자신
의 건축적인 아이디어를 성공적으로 전달하는 것과는 달리 역효과를
낼 수 있는 접근법이기도 합니다. 오늘날 건축사들은 미국 경제의 가
장 큰 부분인 건설 분야에서 중추적인 역할을 합니다. 이 분야에서 건
축사들은 엄청난 양의 복잡한(그리고 종종 모순되는) 정보를 가지고
다차원적이고 다면적인 해결책을 제시하고, 그러한 아이디어를 구축
된 설계 결과물로 변환하기 위해 다양한 구성원들과 조율과정을 거쳐
야 합니다. 따라서 이것은 고집이 센 개인주의자가 할 수 있는 일이 아
닙니다. 건축주의 필요에 대해 주의 깊게 공감할 수 있고, 명확하고 설

득력 있게 의견을 전달할 수 있으며, 생각이 다른 당사자 간에 상호 이익이 될 수 있는 연합체를 맺을 수 있으며, 복잡한 법적, 계약적 관계를 이해하고 집행할 수 있는 사람을 필요로 하는 직업입니다. 오늘날 건축사들은 사실상 르네상스 시대처럼 다양한 분야의 기술을 보유하거나, 상호보완적이고 존경스럽고 협조적인 방식으로 일하는 팀에 참여할 필요가 있습니다.

앞서 언급한 로크의 개성은 종종 건축학교 문화에서 '옳은 방식'으로 장려됩니다. (하지만) 이것은 많은 이유로 학생들에게 피해를 주고 있습니다. 누구보다 잘 알고 자신의 신념을 무지한 대중에게 강요해 성공할 수 있는 개인주의 실천가가 되는 것이 유일한 바람직한 목표라고 가르칩니다. 이것은 성공적이고, 행복하고, 건설적인 삶을 위한 공식이 아니며, 실제로 무언가를 성취하기 위한 공식도 아닙니다.

이전 덴마크 대사이자 20세기 미국 의회에서 근무한 유일한 건축사였던 뉴햄프셔 출신의 전 하원의원인 리차드 스윗Richard Swett을 소개하고 싶습니다. 그에 따르면 건축사를 양성하는 훈련과 경험은 단지 건물을 짓는 것만이 아니라, 다양한 사회 문제를 해결하기 위한 능력을 갖출 수 있는 최고의 준비가 될 수 있다고 합니다. 저는 그의 의견에 동의합니다. 좋은 건축사는 다음과 같은 것들을 배우게 됩니다.

1. 새로운 문제를 신속하게 해결할 수 있도록 스스로 배우고(새로운 건물 유형이나 맥락을 지닌 프로젝트를 접할 때마다 많은 것을 빨리 배워야 합니다), 종종 불완전하거나 상충하는 대량의 정보를 분석한다.
2. 종종 관련이 없어 보이는 다른 예술이나 기술을 활용하여 정보

를 통합하는 아이디어를 창출한다.

3. 이러한 아이디어를 구두 및 그래픽으로 '어떻게 할 것인가'라는 실행계획으로 전달한다.

4. 아이디어를 구현하기 위한 최선의 과정을 파악한다.

5. 일을 마무리하기 위하여 종종 이해관계가 상충하는 당사자를 활용한다.

이러한 것들은 비즈니스, 사회 또는 정부 등 모든 유형의 복잡한 문제를 해결하는 데 필요한 도구입니다. 건축사들은 많은 것을 하기 위해 훌륭한 훈련을 받게 되지만, 로크 모델의 학교 문화는 우리 모두를 좁고 작은 상자 안에 강제로 넣으려고 합니다. 건축학을 전공하는 학생들은 자신의 성격과 관심사를 면밀히 살펴보고 그들의 기술을 가장 적합한 방법으로 사용하려고 노력해야 합니다. 건축사사무소가 아닌 다른 영역(부동산개발업, 건설업, 정부기관, 일반사기업 또는 교육기관)에서 종사하는 것을 고려하시기 바랍니다. 눈가리개를 벗어 버리세요! 당신은 하워드 로크가 되기 위해 노력하는 것 외에도 건축사 양성교육을 통해 만족스럽고 유용한 많은 것들을 할 수 있습니다.

Architecture as a Design Service Business
설계 서비스 사업으로서의 건축

건축실무가 성공적으로 이루어지기 위해서는 설계design, 서비스service, 사업business으로 구성된 세 가지 요소가 결합하여 건축실무를 뒷받침해야 합니다. 이러한 세 가지 요소가 모두 잘 작동하지 않게 된다면, 그 사업은 실패하게 됩니다.

설계design란 부지, 노동력, 시간, 에너지 및 돈을 포함한 모든 고객(그리고 사회)의 자원을 최대한 활용하기 위한 전반적인 계획을 의미합니다. 설계가 풍부해지고 유용해지는 것은 단지 외관(중요하지만 전부는 아님)뿐만 아니라 이러한 완전한 의미에서 설계를 고려하는 것입니다. 설계는 여섯 개의 공으로 공중곡예[6]를 하는 것이지, 단지 하나의 공으로 하는 것이 아닙니다. 여러 문제를 고려하는 것은 노력을 더 복잡하게 만들지만, 궁극적으로 더 나은 최종 결과물인 건축물(아마도 시각적으로도 더 풍부할 것입니다)을 생산하므로 더욱 큰 보상을 가져다줍니다.

서비스service에는 세 가지 구성 요소가 있습니다. 첫째는 도덕성integrity이라고도 알려진 독자적인 특성입니다. 건축사가 고객에게 주는 조언의 유일한 목적은 그것이 고객과 사회의 최상의 이익에 부합한다는 것이어야 합니다. 건축사는 고객이 명시적으로 원하는 것이 아니라면 별도의 의제(명성과 홍보 등)를 가지거나 고객이 직접 지불하는 것 이외의 서비스에 대한 금전적인 이득을 취해서는 안 됩니다. 대부분의 주 정부의 자격법에서는 그러한 추가 비용을 지불하는 것을 금지하고 있지만, 이 문제는 건축사의 운용 방법에 더욱 기본적인 역할이 되어야 합니다. 중개수수료를 청구[7]하거나 원활한 업무 수행을 위한 시공자와 이득을 공유하거나 협력업체나 제조업체로부터 리베이트[8]를 받는 것은 모두 용납될 수 없습니다. 제공되는 혜택에 대한 간단한 테스트는 고객에게 이 사실을 알려도 괜찮은지, 그리고 내일 《뉴욕타임즈》(또는 여러분이 선택한 신문) 1면에 이 혜택이 실린다면 기꺼이 받아들일 수 있는지 자신에게 물어보는 것입니다. 두 가지 질문 중 하나라도 대답이 '아니요'라면 그러한 제안을 재고해야 합니다. 의문이 생기면 건축주와 전면적이고 공개적으로 이 문제를 논의해야 합니다. 공개적으로 밝히는 것을 통해 많은 잠재적인 문제들을 해결할 수 있습니다.

예를 들어, 저는 포마이카Formica 회사[9]의 컨설턴트로 활동하며 제품과 마케팅에 대해 조언을 하는 건축사들과 디자이너들로 구성된 그룹에 속하였습니다. 우리 회사가 프로젝트에 포마이카 제품을 명시할 때마다, 저는 고객과 저의 컨설턴트 역할에 대해 논의했습니다.

저는 포마이카에서 일한 대가로 컨설턴트 비용을 이미 지불받았기 때문에, 제품의 판매량은 저에게는 경제적 이득이 되지 않았습니다(제가 지정한 수량이 포마이카에 전체적으로 무의미한 것은 말할 것도 없었습니다). 그런데도 건축주에게 이해충돌이 발생할 수 있는 모습을 완전히 공개하는 것이 최선의 정책이었습니다.

건축사들은 이러한 이해충돌을 피하고, 높은 수준의 업무 수행 능력을 유지하며, 명예롭게 행동한 뛰어난 기록을 가지고 있습니다. 이것이 바로 우리의 조언을 건축주에게 가치있게 만드는 것입니다. 이것은 다른 직업에서 항상 적용되는 것은 아닙니다. 예를 들어, 의사들은 환자에게 임상 연구를 시행한 제약회사와 환자에게 처방한 의약품과의 연관성을 공개하지 않고 그 제약사의 약을 처방합니다. 또 다른 예는 의심스럽다는 것을 알고 있는 세금 회피 전략에 대해 고객에게 막대한 수수료를 청구한 일부 회계사들이 있을 수 있습니다.

서비스의 두 번째 요소는 유용성 usefulness입니다. 건축사가 고객의 문제를 가장 효율적으로 해결하기 위해 고용된다는 것은 분명하지만 때때로 간과되기도 합니다. 그러한 해결책은 독창적이고, 창의적이며, 심지어 고무적이어야 합니다. 건축주에게 유용하다는 것은 평범한 것이 아니라 필수적입니다.

서비스의 세 번째 요소는 신뢰reliability입니다. 즉, 예산과 시간에 맞춰 작업을 완료하는 것입니다. 고객이 "글쎄요, 그 건축사는 제시간에 맞추어 주어진 예산으로 완성했지만, 저는 그 설계안이 마음에 들지 않아요"라고 말하는 것을 들어본 적이 없습니다. 훌륭하고 창의적인 해결책을 제공한 건축사라 하더라도 자신의 작업이 늦어지거나 예산이 충족되지 않고 상당한 초과 비용이 발생하여 다시 고용되지 못하는(또는 해당 프로젝트를 시공하지도 못하는) 결과로 귀결되는 경우가 너무나 많습니다. 이러한 사유들은 바람직하지 않으며, 피할 수 있는 것들이며, (결국은) 프로젝트 실패의 원인이 됩니다. 일정과 예산은 건축주에게 실질적이며 매우 중요합니다. 이를 충족시키지 못하면 정량화할 수 있는 부정적인 영향을 미칩니다. 단지 완성된 설계안이 훌륭하기 때문에 늦게 마무리되고, 프로젝트의 예산이 초과되는 것을 고객이 허용할 것이라고 생각한다면, 다시 한번 생각해 보시길 바랍니다.

전문적으로 성공하려면 설계를 제시하고 서비스를 제공하며 비즈니스business를 운영해야 합니다. 일정 기간 당신은 수익을 창출해야 합니다. 즉, 지출보다 수입이 더 많아야 합니다. 직원의 역량 개발과 교육, 장비(더 많은 하드웨어와 소프트웨어), 사무환경에 투자할 수 있는 충분한 자본을 마련해야 하며, 건설경기의 흐름과 밀접한 관련이 있는 이 직업에서는 불가피한 침체기를 극복할 수 있는 대책이 마련되어야 합니다.

설계안을 도출하기 위해 탐구하고 연마할 수 있는 재원과 이를 잘 실행하기 위한 시간과 전문지식이 필요합니다. 좋은 설계와 서비스는 분명히 사업이 성공하고 지속되도록 도울 것입니다.

궁극적으로 실무를 담당하는 건축사는 몇 가지 목표를 가져야 하는데, 그중 일부는 서로 상충하는 것처럼 보일 수 있지만, 장기적으로 보면 상호보완적인 목표가 됩니다.

- 고객 서비스
- 젊은 건축사 양성
- 도전적이고 만족스러운 근로 환경 제공
- 상당한 수익 창출

Pluses and Minuses of the Professions
건축사 직업의 장단점

모든 직업은 장단점을 가지고 있습니다. 건축사 직업의 장점 중 일부는 다음을 포함합니다.

- 사람들의 삶과 주변 환경의 질을 높이고, 사람들이 사용하고 즐길 수 있는 건물을 만들어내는 것
- 서비스 행위 이상으로 지속되는 건물 만들기: 완공 후 수년 동안 건물을 재방문할 수 있으며 이러한 노력의 결실을 볼 수 있는 것
- 인간 사회에 대한 가장 오래 지속되는 기록(건축물) 중 하나에 기여하고 그러한 흔적을 남기는 사람들의 일부가 되는 것
- 도덕성integrity으로 명성을 누리는 직업의 일원이 되는 것(최근 해

리스 여론조사[10]에 따르면 '건축사'가 약 40개의 직업 중 두 번째로 존경받는 직업으로 나타났다)
- 당신의 익명성을 유지하면서 이러한 중요성을 즐기는 것

많은 사람이 인정받기를 원하는 이 세상에서, 마지막 항목은 이상하게 들릴지도 모릅니다. 저에게는 한때 매우 유명한 건축주가 있었습니다. 그와 함께 길을 걷자 행인과 차들은 그를 보기 위해 멈추어 섰습니다. 그는 이러한 관심을 좋아했을지도 모릅니다. 심지어 관심이 필요했을지도 모르지요. 하지만 그게 저의 인생이었다면, 저는 이러한 상황을 싫어했을 겁니다. 저는 또한 이오 밍 페이I.M.Pei[11]와 고든 번샤프트Gordon Bunshaft[12]와 함께 길을 걷고 있었습니다. 이분들은 20세기 후반을 대표하는 유명한 건축가였습니다. 하지만 아무도 이들을 눈치채지 못했습니다. 건축사라는 직업이 가진 단점을 살펴보는 것은 이를 개선하기 위해 무엇을 해야 하는지 알기 위한 흥미로운 로드맵이며, 이 책의 결론에서 그 논의가 이루어집니다. 건축사가 프로젝트에 추가하는 것의 가치는 잘 이해되지 않아서 인정받거나 보상받지 못합니다. 교사 다음으로, 건축사는 아마도 '부가가치'와 '보상'의 비율이 가장 낮을 것입니다. (이것은 건축을 가르치는 사람들에 대해 무엇을 의미할까요?) 건축사들은 우리 사회 대부분에 보이지 않는 무언가를 팔고 있습니다. 슬프게도, 시각적인 문맹이 상당히 많습니다. 대부분의 사람은 고등학교 내내 컴퓨터, 읽기, 쓰기 기술을 배우지만 2학년 때 어떻게 보이는지 배우는 것을 중단합니다. 좋은 설계안을 팔려고 노력하는 것은 아무도 읽을 수 없는 세상에 책이나 잡지를 팔려고 하는 것과 같습니다. 그것은 매우 힘든 판매행위에 해당합니다. 개인을

위한 맞춤형 주택과 같이 비교적 작은 프로젝트 이외에도, 건축사와 대부분 건물의 최종 사용자(우리 서비스의 실제 소비자) 사이에 간극이 존재합니다. 우리의 실제 건축주는 거의 항상 중개자(부동산개발업체, 기업, 정부)입니다. 예를 들어, 당신은 당신의 의사가 누구인지 알고 있습니다. 그는 당신과 이야기하고, 당신을 진찰하고, 당신에게 의학적인 처방 및 충고를 줍니다. 이러한 의료서비스는 건축설계 실무와는 다른 방식으로 이루어집니다. 우리가 설계한 건물을 사용하는 사람 대부분은 건축사가 누구였는지, 그들이 무엇을 하였는지 또는 건물이 어떻게 원래대로 되었는지 전혀 알지 못합니다.

목표

제가 처음 건축실무 과목을 가르치기 시작했을 때, 한 학생이 제게 건축실무의 목표가 무엇인지 물었습니다. 당시 저는 정말 많이 생각해 본 적이 없는 질문이었지만, 모든 건축사라면 그 질문을 진지하게 고민해야 합니다. 그때와 지금 나의 우선순위는 다음과 같습니다.

- 우수하고 사려 깊은 적절한 건물 설계
- 고객과 대중에게 유익한 서비스 제공
- 내가 좋아하고 존경하는 사람들을 위해 일하고, 나를 기쁘게 하고, 내 시간을 보내고 싶은 곳에서 일하는 즐거운 일터를 만들기
- 제대로 된 생활을 영위하기[13]

당신은 무엇을 하기 원하나요? 당신은 5년, 10년, 20년 후에 어디에 있기를 원하나요? 당신의 목표는 저와 매우 다를 수 있습니다. 여러분 자신의 목표를 아는 것은 여러분이 목표를 달성하는 데 도움이 될 것입니다.

여러분을 위한 질문들

사람들은 종종 무의식적으로 가장 어려움이 적은 진로를 따라갑니다. 건축학교에 진학하는 것은 중대한 결정이며, 모든 면에서 건축학과 학생들은 그 누구보다도 더 많은 밤을 지새우며 열심히 일합니다. 당신의 경력을 형성하는 결정을 내릴 때 때때로 충분히 깊게 생각하지 못하는 경우가 있습니다. 건축사 훈련을 통해 다양하고 유용한 방향을 찾을 수 있습니다. 여러분에게 가장 적합한 곳을 찾기 위한 첫 번째 단계는 여러분 자신을 알고 여러분의 결정이 의미하는 바를 이해하는 것입니다. 당신은 무엇을 좋아하고 무엇을 가장 잘합니까? 어떤 사람들은 더 직관적이고, 어떤 사람들은 더 분석적이고, 어떤 사람들은 더 예술적이고, 어떤 사람들은 더 기술적인 자세를 가지고 있고, 어떤 사람들은 집단 내에서 일을 더 잘하고, 어떤 사람들은 혼자 있을 때 일을 잘하며, 어떤 사람들은 일하는 것을 좋아하고, 어떤 사람들은 그렇지 않을 수 있습니다. 어떤 사람들은 더 회복력이 있어서 피할 수 없는 좌절에서 회복될 수 있지만, 어떤 사람들은 그렇지 않습니다. 이러한 대안들(그리고 그 밖의 여러 가지) 각각에 대해 여러분에게 적합하거나 적합하지 않은 장소 또는 역할이 있습니다. 안정된 환경을 선호한다면, 일관되게 고용될 가능성이 있는 대기업에서 일하는 것을 고려해 보세요. 만약 당신이 모험과 다양성을 좋아한다면, 작은 회사가 그러한 기회를 제공할 가능성이 더 큽니다. 만약 여러분이 항상 새로운 것을 배우는 것을 즐기는 일반 기술자라면, 다양한 건물 유형과 규모를 하는 회사로 가보세요. 만약 여러분이 기술을 연마하고 한 가지 일에 전문가가 되는 것을 좋아한다면, 하나의 건물 유형에 특화된 회사가 더 적합할 것입니다. 대도시를 막론하고 건축사사무소가 위치한 지역적인 특성은 때때로 프로젝트의 규모와 다양성에 영향을 미칩니다. 당신은 도시 생활의 떠들썩함을 즐기는가요? 아니면 시골 생활의 고요함을 갈망하는가요? 출퇴근하는 것에 대해서는 어떻게 생각하시는지요? 이러한 각각의 다른 문제들을 여러 방면으로 고민해 보시고, 어떤 것이 여러분에게 가장 잘 맞는 것 같은지 자신에게 솔직하게 말하세요(여러분은 하워드 로크는 아니지만, 그와는 상당히 다를 것입니다). 따라서 최근에 유행하는 학풍이나 기본적으로 갖추어진 환경이 아닌 충분한 정보를 접한 후에 결정을 내리시길 바랍니다.

미주 ───────────────────────────

[1]   여기서 건축사는 자격증을 보유한 건축가, 즉 건축사(licensed architect)를 의미한다. 미국의 경우, 자격증이 없이 자신을 건축사로 부르는 것은 불법에 해당하며, 일정 규준의 교육·실무·건축사 시험의 단계를 거쳐야

건축사 자격증을 가질 수 있다. 건축사 자격증을 가지지 않고 설계 실무를 하는 직업인으로는 건축사법에서 규정한 건축사보, 편의상 건축디자이너 등이 가능하다.

[2] 건설현장에서 사용하는 원본 도면의 사본을 만들기 위해 사용하는 복사기법을 의미한다. 도면에 그려진 내용은 흰색으로, 도면의 바탕이었던 부분은 파란색으로 복사가 되기 때문에 청사진이라고 부른다. 원리는 다음과 같다. 철 수용액을 원본도면에 바르고 사본을 복사하기 위한 종이를 겹쳐놓은 후 빛에 일정시간 노출시켜둔다. 이후 철 수용액과 반응하는 염가 수용액으로 이를 씻어내면 바탕 부분은 파란색으로, 도면 부분은 흰색으로 복사된다. 현재는 CAD 기법의 발달로 직접 도면을 그리지 않고 컴퓨터 작업으로 도면을 그리기 때문에 거의 사용하지 않는 기법이다.

출처: 사이언스올 과학백과사전,

https://www.scienceall.com/%EC%B2%AD%EC%82%AC%EC%A7%84blueprint-cyanotype/

[3] NCARB에서 2016년부터 인턴이라는 단어를 쓰지 않기로 하였다. 관련 링크는 다음과 같다.

https://www.ncarb.org/press/ncarb-rename-intern-development-program

[4] 미국 작가 아인 랜드가 1943년 출간한 장편소설이다. 이 소설을 바탕으로 1950년 영화가 제작되었으며, 미국 영화배우인 게리 쿠퍼(Gary Cooper), 패트리샤 닐(Patricia Neal)이 각각 남녀 주인공으로 열연하였다. 우리나라에서는 《파운틴헤드》(민승남 역, 휴머니스트, 2011)라는 제목으로 번역 출간되었다.

[5] 주인공은 당시 미국의 대표적인 건축가인 프랭크 로이드 라이트(Frank Lloyd Wright)를 모델로 했다.

[6] 저글링(juggling)은 여러 개의 공을 공중에 띄워서 순차적으로 바꾸어주는 곡예를 말한다.

[7] 영어로는 finder' fee 또는 referral fee라고 한다. 사업상 거래에서 중개자에게 제공되는 보상이다.

[8] 리베이트(rebate)는 원래 합법적 환불 내지는 할인이라는 뜻이나, 여기에서는 뇌물로 쓰였다.

[9] Formica는 라미네이트 제조 및 판매회사이다. 싱크대 상판(counter-top)이나 테이블을 비롯한 가구의 마감재로 다양한 색상이 가능하다.

[10] 미국의 대표적인 여론조사업체이다. www.theharrispoll.com

[11] 흔히들 건축계의 노벨상이라 부르는 프리츠커상을 1983년에 수상하였다. 그의 대표작으로는 프랑스 파리에 위치한 루브르 미술관 증축 등이 있다.

[12] 마찬가지로 1988년에 프리츠커상을 수상하였다. 그의 대표작으로는 SOM 건축사사무소 재직시절에 설계한 레버하우스(Lever House, 1951), 예일대학교 희귀본 및 고문서 도서관(Beinecke Rare Book & Manuscript Library, 1963) 등이 있다.

[13] 경제적으로 부족함이 없을 뿐 아니라 육체적으로 정신적으로 건강한 삶을 지향하는 것을 뜻한다.

CHAPTER 2

건설업의 당사자들

The Parties in the Construction Industry

건설업의 당사자들
The Parties in the Construction Industry

건물을 세우는 일은 매우 복잡한 활동으로서 필연적으로 많은 다른 사람들과 함께 일을 하게 됩니다. 이들을 기본적인 다수의 그룹으로 나눌 수 있는데, 이 그룹들은 서로 다른 역할을 담당하고 있습니다. 그들의 관계는 상당히 표준적이고 대개 계약으로 이루어지므로, 전문적인 실무를 수행하면서 그들을 완전하게 이해하는 것은 필수적으로 요구됩니다. 건설업계에서 이 그룹들은 종종 '파티party(당사자)'로 알려져 있습니다. 저는 여기서 캐비어-샴페인이나 심지어 감자튀김-크루디테를 곁들인 오프닝 파티를 말하는 것이 아닙니다.

3개의 주요 당사자는 소유주(건축주, 건축사에게 흔히 고객으로 알려져 있음), 설계 전문가(물론 건축사를 포함), 건설업자(그들 중 일부는 시공자)입니다. 게다가 이 세 그룹에 속하지 않는 많은 사람은 프로젝트를 건설할 자금을 구하고 제공하는 일, 토지 사용, 설계, 건설, 건물 사용을 지배하는 법과 규정을 작성하고 관리하는 일, 그리고 부동산 마케팅 일을 담당합니다. 우선 세 개의 주요 그룹에 대해 논의하도록 합시다.

Owners/Clients
건축주/고객들

매우 다른 목표와 운영 방법을 가진 여러 유형의 고객들이 있습니다. 당신과 함께 일하는 고객의 종류는 프로젝트를 멋진 경험으로 만들 수도 있고 완전히 비참하게 만들 수도 있습니다. 어느 정도 결과까지는, 그리고 고객과 건축사 사이의 적합 또는 부적합의 수준은 다양한 고객의 동기와 관심사를 이해하고 당신 자신과 당신의 회사에 대해 정직하고 현실적으로 됨으로써 예측할 수 있습니다. 어떤 건축주와 건축사의 조합은 천생연분이기도 하고, 어떤 경우는… 음, 무슨 말인지 아시겠지요.

개인 고객Private Clients
자신을 위해 시공하는 개인 고객을 건축주owner이자 사용자users라고 합니다. 다른 사람들을 위해 시공하는 개인 건축주를 개발업자developers라고 합니다.

개인 건축주이자 사용자는 다음과 같이 분류할 수 있습니다. 자신이 살고자 집을 스스로 기획하고 책임지는 개인individuals, 새로운 사무실 건물, 공장 또는 소매점을 짓기 원하는 기업corporations 또는 사립학교, 대학, 병원 또는 종교 단체와 같은 기관institutions이 고객이 될 수 있습니다. 사용자를 위해 집을 설계하는 것은 별도의 중개자 없이 목표와 제약조건, 프로그램 및 재정에 대한 의사소통을 가능하게 하는 매우 긴밀한 건축사와 사용자의 연결이 잠재적인 이점을 갖습니다. 이러한 일대일 관계는 일을 넘어 지속될 수 있습니다. 여러분이 좋아하고 관심 있는 사람들이 여러분의 일의 결과를 즐기는 모습을 보는 것은 보람 있는 일이며, 이는 공간과 공간들 사이의 관계, 그리고 풍경, 무엇이 잘 이루어졌고 무엇이 잘 실행되지 않았는지, 그리고 여러분의 의도가 실현되었는지(아니면 실현이 되지 않았는지)에 대한 피드백을 제공합니다.

이러한 친밀한 관계에도 함정이 있을 수 있습니다. 우리 회사는 뉴욕으로 이전하는 회사를 위해 매우 복잡한 사무실을 설계한 적이 있습니다. 원활하고 빠르게 예산에 맞는 시공 단계를 거친 후, 회사는 큰 성공과 기쁨을 거두었으며, 그 결과 호의적인 홍보 효과도 얻게 되었습니다. 얼마 지나지 않아 우리는 건축주였던 회사대표 부부를 위한 고급 아파트 리모델링 설계를 의뢰받았습니다. 그 프로젝트는 앞서 사무실 일이 성공한 것만큼 큰 재앙에 가까운 일이었습니다. 모든 것이 잘못되었습니다. 끝없이 이어지는 고객의 변경지시change orders, 시공 과정에서 빠져나가지 못한 재산 물품에 대한 손상 등이 있었습니다. 한 종류의 프로젝트를 기반으로 구축된 강력한 건축사와 의뢰인과의 관계는 다른 프로젝트, 즉 같은 사람과 다른 프로젝트에 의해 완전히 소원해지게 되었습니다. (이러한 경험을 통해 시공은 수술과 같이 고통스럽지만 유익하며, 건설 현장에서 사는 것은 마치 마취 없이 이루어지는 수술과 같은 것이라고 건축주에게 말할 수 있었습니다. 저는 이러한 것을 권장하지 않습니다).

기업 건축주-사용자는 대규모 프로젝트를 처음부터 구축하는 기업부터, 대규모 프로젝트를 관리할 수 있는 내부 전문 지식이 거의 없는 기업(또는 아래에서 논의한 바와 같이 시설 관리를 건축주 대리인에게 외주로 주는 기업), 건설 경험이 자주 있으며 종종 경험이 매우 풍부하고 자격증을 보유한 건축사를 포함한 시설관리 직원을 보유한 기업까지 다양합니다. 기업 고객들은 그들의 주요 관심사인 다른 사업들에 실제로 참여하고 있습니다.

기업 고객이 처음이면 건축사는 고위 경영진에게 설계 및 시공 프로세스에 대한 목표와 지식을 이해시키는 것이 필수적입니다. 만약 고객의 지식이 제한적임을 안다면, 건축사는 그들의 기대와 현실이 일치하도록 고객을 완전히 교육해야 합니다. 소규모 기업은 주요 소유주들에 의해 운영될 수 있습니다. 대기업의 경영진은 보통 주주에 의해 선출되는 이사회에 의해 고용이 이루어집니다. 경영진에 대한 소유권의 일치 또는 소유권의 거리는 이러한 주요 기업 재정 자원 약속과 관련된 전문 서비스에 큰 영향을 미칠 수 있습니다.

1980년대에 우리 회사는 빠르게 성장하며 새로운 사무실이 필요했던 많은 중견 광고 대행사를 위해 사무실을 설계하였습니다. 모든 대행사는 대행사를 운영하는 사람들이 사무실을 소유하고 있었습니다. 이들은 개인적으로는 매우 다르겠지만, 모두 매우 똑똑하고, (건축과 같은) 새로운 주제에 대해 빠르게 배우고, 대안과 각각의 장단점에 대해 날카롭게 집중할 수 있으며, 예술과 비즈니스의 연결고리를 이해하고, 설계가 그들의 목적을 위해 미칠 수 있는 영향력을 높이 평가한다는 공통된 특징들이 있었습니다. 이 프로젝트들은 건축사와 고객의 완벽한 결합을 통해 재미있고 창의적이며 건설적이고 신속하며 수익성을 가져다주었습니다. 고객들은 새로운 아이디어와 실험에 개방적이었으며, 우리가 모두 이에 관해 혜택을 받게 되었습니다. 어느 한쪽이 잘 되는 프로젝트는 다른 쪽에서도 잘 된다는 것을 알게 되었습니다. 그것은 항상 양방향으로 이루어집니다.

우리 회사는 개인 건축주-사용자 고객과 일하는 것을 좋아했는데, 그 이유는 개인 건축주가 프로젝트를 오랫동안 소유하는 경우가 많기 때문입니다. 따라서 그들은 내구성과 에너지 절약을 가지고, 단기간 유행하는 디자인을 회피하는 경향이 있었습니다. 이는 우리 건축사들의 목표와 양립합니다. 그들은 신속하게 결정을 내리고, 변경에 따른 결과를 이해할 수 있었습니다(거의 모든 경우 이러한 변경은 프로젝트에 해를 끼칩니다). 그들은 또한 그들 자신이 수혜자이므로, 품질에 투자하는 것의 가치를 이해합니다.

반면, 기관 의뢰인은 사립 교육, 연구, 재단, 건강 또는 종교 단체와 같이 비영리 단체입니다. 그들은 이윤이 아닌 다른 목적으로 동기 부여를 받습니다(물론 그들이 프로젝트의 경제성에 대해 개의치 않는다고 말하는 것은 아닙니다만). 그들은 보통 그들의 프로젝트를 오랫동안 소유하고 그들 고객의 다중적인 이익에 관심을 기울이려고 합니다. 그들은 종종 기관의 긍정적이고 건설적인 목표를 반영하는 동기를 가진 사려 깊은 리더십을 가지고 있습니다. 저는 이러한 고객들이 우리 회사의 목표와 일치하는 것을 발견하였으며, 그들과 함께 일하는 것을 매우 좋아했습니다.

개발업자는 개인 건축주의 하위항목에 해당하며, 개인 또는 회사가 부동산을 소유 및 임대하거나 매각할 목적으로 건설하는 사람을 말합니다. 임대 또는 판매 여부와 관계없이, 프로젝트는 주거용(단독 또는 다세대)이거나 사무용 또는 소규모 상가와 같은 상업용일 수 있습니다. 미국에서는 상업용 부동산 개발을 통해 일반적으로 임대가 이루어집니다. 단독 주택 개발은 보통 팔기 위해 지어지지만, 다세대 주택은 정원과 고층 아파트의 형태로 임대가 이루어지고, 일부는 콘도미니엄 그리고 일부 시장에서는 '협동조합cooperatives'의 형태로 판매가 이루어집니다.

이것이 건축사에게 의미하는 것은 무엇인가요? 개인적으로, 저는 그들의 관심사가 저의 전문적인 관심사와 일치할 가능성이 더 크므로 팔기보다는 소유하려는 고객을 선호하였습니다(이러한 관점을 뒷받침하기 위해 10장에서 언급한 바와 같이, 개발업자가 건축사에게 질이 낮은 재료와 설비시스템을 시방서에 명기하도록 요청할 수 있고, 건축사의 계획도 따르지 않을 수 있다는 가정하에서, 보험 회사는 콘도미니엄을 건설하는 개발업자를 위해 건축설계 서비스를 제공하는 건축사사무소에게 전문적인 책임 보험을 위해 더 큰 비용을 청구하게 됩니다. 이러한 조치는 개발업자가 지게 되는 당장의 비용을 줄여주지만, 종종 건축사에 대한 소송의 실마리가 될 수 있는 결함이 있는 건물을 초래할 가능성이 있습니다).

공공 고객Public Clients

공공 고객은 고객 그룹의 또 다른 부분입니다. 여기에는 연방정부, 주 정부 및 지역 차원의 정부 기관이 포함됩니다. 그들은 도로, 상하수도, 교통 시스템과 같은 기반 시설을 포함한 엄청난 양의 공사를 의뢰합니다. 이 프로젝트들은 주로 다양한 분야의 토목 기술자들에 의해 설계가 됩니다. 정부는 또한 사무실, 학교, 우체국, 스포츠 시설, 주택, 군용 건물, 그리고 미국 경제에서 건설의 많은 부분을 차지하는 대중교통 시설들을 짓습니다. 이러한 공공 부문은 많은 사람에게 서비스를 제공하고 시민과 지역 사회에서 중요한 역할을 합니다.

공공 고객은 고품질의 설계 및 시공에 대한 광범위한 책임 범위를 가지고 있습니다. 텍사스주 하원의원인 잭 브룩스Jack Brooks의 이름을 따서 1970년 의회에서 통과된 브룩스 법안은, 연방 건물의 건축사를 설계 품질에 따라 선정하고, 선정 후에는 공정한 수수료를 협상하도록 규정하고 있습니다. 이것은 전문적인 서비스 제공자가 최저 입찰가를 기준으로 선택되는 것과는 매우 다른 선택 과정입니다. 미국 연방 정부 조달청General Services Administration, GSA의 우수 설계Design Excellence 프로그램을 통해 지난 10년 이상 동안 국가에서 가장 우수한 건축사사무소 중 일부를 고용하는 데 이바지하였습니다. 이러한 프로그램은 자금, 전문성 및 헌신적인 노력으로 매우 우수한 법원 건물 및 기타 연방 건물의 설계 및 건설을 지원합니다.

개인 고객과 마찬가지로, 건축사는 정부 기관과 직원의 목표, 프로세스, 의무 및 책임의 성격을 알아야 합니다. 이러한 이슈는 프로젝트에 의미 있는 영향을 미칩니다.

기억하시길 바랍니다. 건축사들은 자신을 고용하고자 하는 모든 고객을 받아들일 의무가 없습니다. 인종, 종교, 민족성, 성별 선호 또는 정체성과 같은 편견적인 이유가 아닌 한, 건축사는 잠재적인 의뢰를 거부할 권리가 있습니다. 현명한 건축사는 고객을 매우 신중하게 선택합니다. 이오 밍 페이I.M. Pei는 "프로젝트가 아니라 고객을 쫓아라"라고 현명하게 조언했습니다. 우리 회사는 나쁜 고객과 함께하는 큰 프로젝트보다 좋은 고객과 함께하는 작은 프로젝트에서 일을 더 잘하고, 더 재미있게 하며, 더 많은 수익을 얻었습니다. 모든 잠재적인 신규 고객을 확인하기 바랍니다. 그들과 함께 일한 적이 있던 다른 전문 가들에게 연락하여, 특히 건설이나 다른 전문가와 함께 소송에 많이 연루된 적이 있는지 확인하기 바랍니다. 건축주는 항상 당신의 배경 을 확인하므로, 당신도 항상 그들을 확인해야 합니다. 직감을 믿길 바 랍니다. 많은 건축사는 좋지 않은 프로젝트가 끝날 때 "이 건축주와의 관계가 좋지 않다는 것을 알았지만, 나는 이 프로젝트를 너무나 원했 고, 어쨌든 그 프로젝트를 위해 일을 했어"라고 말합니다. 정말 큰 실 수입니다!

그렇다면 좋은 고객이란 누구일까요? 제 생각에는 일의 규모가 크 든 작든 간에, 항상 같은 기준이 적용됩니다. 상호 존중, 새로운 가능 성에 대한 열정과 개방적인 자세, 그들의 진정한 목표를 알고 이를 표 현할 수 있는 능력, 자신이 가진 자원에 대한 명확한 이해와, 그에 걸 맞는 기대치 등이 바로 그것입니다. 나쁜 고객은 자신이 모든 것을 알 고 있다고 생각하며 비밀스럽고, 불신하며, 신뢰할 수 없다고 생각합 니다(사실, 이는 나쁜 고용주, 나쁜 피고용인, 나쁜 친구, 나쁜 배우 자, 나쁜 사람처럼 들립니다). 프로세스와 비즈니스 경험에 대한 지식 이 부족하고 종종 비현실적인 기대를 하는 순진한 고객은 문제가 될 수 있습니다. 이러한 고객들은 경험 많은 고객들보다 더 많은 분쟁과 소송을 일으킵니다. 이전에 자신과 일한 건축사들이 얼마나 바보 같 았는지에 관한 이야기로 첫마디를 시작하는 잠재적인 고객을 경계하 시기 바랍니다.

고객을 평가할 때, 장기 소유권 대 단기 소유권(수명 주기 비용 대 최초 비용)과 같은 문제에 대한 고객의 견해를 살펴보세요. 고객의 돈 이든, 다른 사람의 돈이든, 그들이 직접 건물을 유지 보수할 것인가 아니면 비용을 전가할 것인가? 그들의 목표는 공익을 위한 것인가 아니면 이기적인가? 이러한 대답들이 당신의 목표와 어떻게 잘 맞는지 확인하시기 바랍니다.

Design Professionals
설계 전문가

설계 전문가는 건물이 만들어지는 정보(예술, 설계, 발명, 경험 및 연구를 통해)를 생산하는 모든 사람을 의미합니다. 여기에는 건축사, 엔지니어 및 일반적으로 건물 시스템 또는 건설 프로세스에 대한 전문 지식을 제공하는 모든 추가적인 컨설턴트를 포함합니다.

건축사 Architects

첫 번째 그룹은 건축사입니다. (당신이 말하는 것을 압니다. "이봐, 그는 우리를 전혀 우선시하지 않았어. 그는 건축주를 우선시했어" 글쎄요, 죄송하지만, 건축주가 없으면 건축사들을 위한 프로젝트는 없습니다. 자, 설계 전문가들 사이에서 건축사를 먼저 이야기하죠. 아시겠죠?)

건축사는 두 가지 주요 기능을 수행합니다. 건축사는 창조자이자, 설계자, 저자이자 다른 모든 설계 전문가들의 작업을 조율하는 코디네이터 역할을 합니다. 이러한 역할에서 건축사는 프로젝트의 요구사항(프로그램)에 대한 정보를 가져와서, (현장 정보와 함께) 이 정보를 바탕으로 설계로 종합하고, 설계를 상세히 발전시키며, 건축주가 시공자와 계약한 내용과 건설 방법을 정확히 전달하는 실시 도면과 시방서를 작성합니다. 첫 번째와 미묘하게 다른 우리의 두 번째 역할(5장에서 논의)은 사후설계관리업무를 제공하는 것입니다. 즉, 설계 의도와 일관되게 공사를 성공적으로 완료하도록 안내하고, 건축주와 시공자 사이의 계약을 양 당사자에게 공평하게 관리하는 것입니다.

때때로 건축사사무소는 특정 프로젝트에 대한 서비스를 제공하거나, 다른 분야의 전문 지식과 결합하거나, 지역의 전문 지식을 제공하기 위해 다른 건축회사들과 협력하기도 합니다. 회사는 하나의 프로젝트를 위해 조인트벤처joint venture라는 연합의 형태로 일을 함께 추진하거나, 제휴건축사associated architects와 같은 형태로 협력 관계를 형성할 수 있습니다.

오늘날 가장 단순한 건물을 제외한 모든 건물의 건설은 한 개인이 모든 면에서 숙련하기에는 너무나 복잡합니다. 건축사들은 건물이 지어지는 모든 시스템과 과정을 충분히 숙지해야 하며, 그 후 다른 많은 작업을 조직하고, 안내하고, 평가하고, 통합하기 위해 효율적으로 운영해야 합니다. 이는 중요한 역할이며, 기술 및 운영 문제에 대한 폭넓은 이해와 일반적인 지식이 필요합니다. 또한 공동의 목표를 달성하기 위해 일정 기간 팀을 구성하고, 그룹에 동기를 부여하며 이들을 관리하는 데 있어 리더십과 기술이 요구됩니다. 따라서 앞서 언급한 하워드 로크가 현재를 살아가는 건축사를 위해서 이상적인 원형이 아닌 것은 당연합니다.

엔지니어Engineers

많은 종류의 엔지니어들이 건물을 설계하고 만드는 데 관여합니다. 대부분은 토목공학의 하위 전문분야에서 교육받았습니다(화학, 수력,

항공공학과는 대조적으로, 이들이나 거의 모든 다른 엔지니어는 건물의 일부 측면에서 역할을 수행하지만 건축사와 가장 많이 작업하는 엔지니어는 아닙니다). 우리 회사와 가장 자주 협력하는 두 종류의 엔지니어는 구조 엔지니어와 MEPS(기계, 전기, 배관 및 스프링클러) 엔지니어입니다. 대부분 건축사는 학교나 실무를 통해 집이나 다른 작은 건물들과 관련된 비교적 간단한 작업을 할 수 있을 만큼 공학 분야에 대해 충분하게 배웠습니다. 하지만 우리 회사는 작은 프로젝트에서도 항상 두 종류의 엔지니어를 활용하였는데, 이는 우리의 조언을 확인하기 위해서였습니다. 당신이 무언가에 대해 충분히 알지 못하며, 고객에게 최상의 정보를 제공하기 위해 외부 조언이 필요하다는 것을 인정하는 것을 주저하지 마시기를 바랍니다.

구조 엔지니어structural engineers는 특정 건물과 건물의 상황에 가장 적합한 구조 시스템을 선택하는 데 도움을 줍니다. 위치의 경제성, 다양한 재료의 현재 시장 상황, 노동력 공급과 이들의 전문성, 그리고 다양한 공급과 제조 자원에 대한 근접성은 모두 우수한 엔지니어가 시스템과 하위 시스템을 선택할 때 고려하는 사항입니다. 그들은 구조 기둥 간격, 바람직한 일정한 기둥 간격 또는 불규칙한 기둥 간격의 허용 가능성(또는 심지어 건설 중인 아파트 주택의 선호도), 베이 크기 대비 구조 비용 증가에 대한 구조 깊이의 절충과 같은 문제들을 평가합니다. 그들은 모든 접합부, 조립 및 조립 과정, 다양한 단계에서 필요한 시험, 그리고 요구 조건이 충족되었는지 확인하기 위한 시험 결과의 분석뿐만 아니라 각 구성 요소에 필요한 강도, 크기 및 형태를 결정합니다.

비록 구조 엔지니어는 종종 건물의 기초 시스템도 설계하지만, 다른 엔지니어가 제공한 정보를 기반으로 설계를 수립합니다(이러한 정보는 간단한 경우에는 측량 기술자에 의한 테스트 피트를, 복잡한 경우에는 토양 엔지니어가 제공하는 보링, 테스트 피트 및 코어 샘플이 요구됩니다). 현장 조건이 충족되면 구조 엔지니어는 복잡한 기초 설계를 전문으로 하는 기초 엔지니어foundation engineers의 서비스를 이용하며, 어려운 지표면 조건(예를 들어 불안정하거나 약한 토양, 터널, 하수관 또는 기타 유틸리티를 통해)에서 또는 다른 구조물에 매우 근접할 때 사용합니다. 이러한 하위 컨설턴트가 활용될 때, 구조 엔지니어는 그들의 작업을 감독, 조정 및 검토하지만, 건축사는 문제를 이해하고, 과정을 지켜보고, 검토 중인 대안들에 대해 건물주에게 충분한 정보를 제공할 수 있는 충분한 지식을 가지고 있어야 합니다.

다양한 MEPS 분야의 업무와 화재 안전, 때로는 데이터 및 통신 인프라는 일반적으로 통신 및 조율의 용이성을 위해 같은 회사 내에서 다른 엔지니어에 의해 수행됩니다.

기계설비 엔지니어mechanical engineers는 난방, 환기 및 에어컨HVAC 시스템을 설계합니다. 그들은 부지의 구체적인 거시적, 미시적 기후 조건과 건물의 설계가 환경 조건을 기계적으로 극복할 필요성을 어느 정도 줄일 수 있는지 연구하고 분석합니다. 우수한 엔지니어는 건축사와 긴밀히 협력하면서 에너지 소비 시스템에 대한 필요성을 줄이기 위해 건물을 설계하는 방법을 조언하고, 필요한 설비의 양을 줄이고, 건물 수명 및 수리 비용을 운영함으로써 프로젝트의 초기비용을 절감할 수 있도록 지원합니다. 이렇게 선제적으로 대응하도록 생각하는 것은 지구환경뿐 아니라 건축주에게도 이익을 가져다줍니다. 기계설비 엔지니어는 대체 에너지원(전기, 석유, 가스, 태양, 지열, 풍력 또는 조석간만의 차를 활용한 전기생산)과 이러한 에너지원의 직접 사용 및 저장, 냉각 및 난방 매체의 대체 전환 및 분배 시스템, 건물 사용자를 개별적으로 편안한 환경을 유지하기 위한 제어 시스템을 고려합니다. 설치 및 운영에 가장 비용이 효율적인 시스템을 갖춘 총체적 시스템을 제시합니다. 시스템이 선택되면 기계설비 엔지니어가 장비 및 제어, 분배 및 저장 시스템을 설계하고, 크기를 지정합니다. 조정 및 균형 조정, 커미셔닝commissioning의 모든 부분을 감독하여 시스템을 가동할 수 있도록 지원합니다. 그들은 건축주에게 그 시스템을 어떻게 사용하고 유지하는지 교육합니다.

또한, 기계설비 엔지니어는 크기와 공간 효율성, 음향 특성, 유지 보수의 용이성과 비용, 오염 요인을 고려합니다. 기계 시스템은 초기 비용, 운영 비용 및 필요한 공간(중앙 장비와 분배 시스템 모두) 측면에서 가장 까다로운 시스템입니다. 이러한 작업의 중요성은 HVAC 시스템과 그 제어장치가 건물 사용자가 일반적으로 가장 많이 불평하는 대상이라는 점을 알 수 있습니다. 건축사들은, "이 건물은 매우 편안하고, 너무 덥지도 춥지도 않고 외풍도 심하지 않지만 구조 시스템이 정말 마음에 들지 않습니다"라는 말을 거의 듣지 않습니다. (만약 그런 말을 듣게 된다면, 10장의 전문책임보험에 관한 내용을 확인하시기 바랍니다!)

전기 엔지니어electrical engineer는 건물의 전기 수요와 사용 가능한 외부 유틸리티 자원을 분석하고 외부 유틸리티, 전력이 분배되어 배전 시스템으로 전송되는 전기실, 배터리 또는 발전기의 비상 백업 시스템(있는 경우), 전원 제어 및 보호 하위 시스템과의 연결을 설계합니다. 전기 엔지니어는 화재 및 화재 경보 시스템과 같은 건물의 생명 안전

시스템의 전기 부분을 다루는 경우가 많습니다. 여기에는 문제를 감지하는 장치(실내 또는 환기 덕트의 온도 및 연기 감지 장치 또는 유량을 감지하면 알람이 울리는 스프링클러 시스템과 같은 다른 시스템에 연결된 장치), 건물의 중앙 제어 패널, 외부 모니터링 회사와의 연결부, 장치들, 예를 들어 건물 입주자와 통신하는 경적, 섬광등(짧은 시간 동안 아주 밝은 빛을 내는 조명), 스피커가 포함됩니다. 전기 엔지니어는 때때로 조명 설계 서비스를 수행합니다. 그들은 조명기구의 예술적인 측면뿐 아니라, 조명기구의 설계 및 성능 특성에 관한 지식을 가지고 기술적인 측면에서 숙련된 기술로 이를 수행할 자격을 갖추고 있습니다.

데이터 통신 시스템(데이터콤)data com은 전기 엔지니어들이 때로 다루는 또 다른 하위 전문분야입니다. 데이터 엔지니어링의 의미는 빠르게 변화하고 있으며, 현재 T1 광섬유 또는 카테고리 6 케이블링과 같은 저전압 시스템의 선택, 연결, 장비 사양 및 분배 네트워크와 데이터를 전달하는 마이크로파 및 무선 네트워크를 포함합니다. 데이터콤은 IT(정보 기술) 또는 MIS(경영 정보 시스템)라고도 합니다. 이러한 이름은 이 분야만큼 빠르게 바뀌고 있습니다. 어느 정도 데이터와 융합되는 통신에서는 외부 소스와 유틸리티, 장비 및 유무선 배포에 대한 연결이 포함됩니다. 데이터콤이 매우 복잡하거나 프로젝트의 전기 엔지니어가 필요한 전문 지식을 갖추지 못한 경우에는 데이터 컨설턴트를 고용합니다.

온수 및 냉수 공급 및 건물 내 폐기물 처리 시스템과의 연결부, 배관, 펌프, 장비 이외에도, 배관 엔지니어plumbing engineers는 부지가 도시 급수 및 폐기물 처리와 연결되어 있지 않은 상황(우물, 강, 샘 또는 기타 수원에서 물을 공급하고 폐수 처리, 그리고 정화 시스템을 통한 하수 처리)을 처리합니다. 이러한 특별히 복잡한 상황을 처리하기 위해 정화 및 수리 엔지니어septic and hydraulic engineers와 같은 하위영역의 전문가가 필요할 수 있습니다.

기타 설계 컨설턴트Other Design Consultants

조명 설계는 종종 조명 디자이너lighting designers로 알려진 전문가들에 의해 수행되며, 그들의 훈련은 종종 공학보다는 건축 쪽에서 이루어집니다. 그들의 작업은 거주자들이 그들의 기능을 잘 수행할 수 있는 적절한 빛의 종류와 양을 가졌는지, 그리고 건축물이 내부와 야간 모두에서 좋고 나쁜지를 결정하는 데 절대적으로 중요합니다.

음향 컨설턴트acoustic consultants는 소리의 이동 시간, 흡수·반사·잔향 시간이 건물의 형태와 재료에 의해 제어되는 콘서트홀 또는 강당뿐만 아니라, 다른 건물 유형에서도 소리 문제가 중요한 공간을 설계하는 데 도움을 줍니다. 건물(또는 건물시스템)의 더 시끄러운 부분 및 외부 소음으로부터 조용해야 하는 영역을 분리하는 것이 중요합니다. 우리 회사는 소음으로 쉽게 산만해지는 학습장애 어린이들을 위한 학교를 설계한 적이 있습니다. 이 건물은 이전에 스포츠 클럽이었고, 새로운 디자인은 체육관 바로 아래에 교실을 배치해야 했습니다. 구조물에 의한 진동으로 인한 소음이 심각한 문제를 일으킬 것으로 예상하여, 우리는 음향 전문 엔지니어에게 전화를 걸었습니다. 그는 체육관을 위해 원래 슬래브 위에 네오프렌[1] 패드 위에 놓인 일련의 거대한 스프링 위에 떠 있는 새로운 구조 슬래브를 설계하였습니다. 그의 해결책은 매우 효과적이어서 농구 드리블이나 관중들의 응원으로 인한 소음이 아래 교실까지 닿지 않게 되었습니다.

건물의 다양한 특정 공학 영역에 비전문가인 건축사는 최신의 특정 전문 지식을 가진 컨설턴트를 찾는 것이 바람직합니다. 이러한 '건축 업역'에는 커튼월, 하드웨어, (엘리베이터와 같은) 수직 운송, 지붕 및 외피 컨설턴트가 있습니다. 실제로, 건물의 어떤 부분에 대해서도 여러분보다 더 많이 알고 있는 사람이 있을 수 있습니다. 하도급업체, 제조업체, 인터넷 및 자재 제조업체로부터 얻을 수 있는 우수한 정보가 많지만, 일반적으로 더 신뢰할 수 있는 정보는 제품을 판매하지 않는 사람에게서 나옵니다. 반면 컨설턴트로부터 비롯되는 독립적인 정보는 무료가 아닙니다(그들이 어떻게 보상되는지는 6장에서 논의하기로 합시다).

건축사들은 종종 건설비용을 파악하기 위해 도움이 필요합니다. 대부분 건축사는 일반적으로 비용을 '어느 정도' 추정하는 데 익숙하지만, 당신이나 당신의 고객이 건설비용을 더 자세히 알기 위해 도움을 필요하다면 견적 전문가cost estimator가 그 역할을 합니다(건설비용의 결정과 책임에 대한 건축사의 역할은 5장과 7장에서 더 자세히 논의가 이루어집니다).

거의 모든 건물은 건축인허가permit가 요구되고, 그 건물이 속한 지역 및 국가의 각종 법규 및 조례를 준수해야 합니다. 일부 행정구역 그리고 일부 대규모 프로젝트의 경우, 건축 부서, 규제 기관, 법규, 법률, 절차 및 신청, 승인 및 허가 프로세스가 매우 복잡하고 지원을 보증(또는 심지어 요구)하기 어렵습니다. 건축부서, 행정기관 또는 인허가 컨설턴트로 알려진 다양한 컨설턴트가 이러한 도움을 제공합니다. 조닝이나 토지-이용 전문변호사도 활용될 수 있습니다.

다음은 여러분이 감독하고 조율할 것으로 예상되는 이 거대한 등

장인물의 캐스팅으로부터 최대한 많은 것을 얻기 위해, 여러분이 알아야 할 몇 가지 중요한 사항들이 있습니다.

1. 무엇이 필요하고 언제 필요한가. 컨설턴트에게 일부 문제에 대해 너무 일찍 말하게 되면, 컨설턴트가 조기에 문제를 검토하는 데 많은 시간과 비용을 낭비할 수 있습니다. 반면에 여러분이 그들에게 너무 늦게 말한다면, 필요할 때 정보가 부족하므로 작업을 재설계하게 될 것입니다(그리고 또다시 돈을 낭비하게 될 것입니다).

2. 당신이 필요로 하고 필요로 하지 않은 사람. 각 분야의 컨설턴트가 특정 프로젝트에 적합한지 결정하시기 바랍니다.

3. 어떠한 방식으로 프로젝트팀을 구성할 것인가. 프로젝트의 목표, 예산 및 일정, 정보의 흐름 및 형식에 대한 시스템을 구축(예를 들어 설계 및 제작 소프트웨어가 무엇인가, 문서의 크기는 무엇인가, 도면에 적용되는 규칙은 무엇인가, 그리고 프로젝트 관리 소프트웨어는 무엇인가)하기 바랍니다.

4. 어떠한 컨설턴트를 선택할 것인가. (컨설턴트의 입장에서) 새로운 고객(즉, 건축사)의 마음을 얻고자 하는 새로운 컨설턴트의 지식과 열망을 고려하되, 당신(건축사)이 이미 강점과 약점을 알고 있는 기존 컨설턴트와 균형을 맞추시기를 바랍니다.[2]

5. 예상되는 업무의 책임, 보고 기대치, 의무는 무엇인가. 당신 회사의 관행 및 고객의 기대치, 컨설턴트와의 계약 및 책임보험 요구사항과 일치하는 명령 지휘 체계를 파악하시기 바랍니다.

건설업자

프로젝트를 의뢰하고 설계하는 데는 많은 사람이 필요하지만, 시공에는 평균적으로 이보다 10배의 인력이 필요합니다. 건설의 주된 당사자는 시공자contractors입니다. 이 명칭은 개인 또는 법인이 건축주와 계약을 체결하여 공사를 조직, 관리, 자금 조달하고, 노동력, 재료, 가공 및 조립된 부품, 장비를 제공하여 건설된, 완전한 규모의, 완전하게 운영되는 건물(또는 리노베이션 또는 증축 또는 여러 건물, 프로젝트의 성격에 따라)을 생산하기로 동의한 데서 유래합니다.

프로젝트를 세우는 건설을 조직하는 방법은 여러 가지가 있지만, 여기서는 설계-입찰-시공design-bid-build으로 알려진 전통적인 유형에 대해서 설명하겠습니다. 여러 가지 대체 프로세스 중 일부는 4장에 기술되어 있습니다.

설계-입찰-시공 형식에서는 건축주가 계약에 서명하는 시공자는 일반적으로 종합건설업자general contractor이며, 개인 또는 법인(예를 들어 개인 소유 회사, 기업, 파트너십 또는 공공 소유 회사)일 수 있습니다. 단순하게 설명하기 위해, 저는 그들이 어떤 형태의 조직이든 상관없이 모두 '회사'라고 부를 것입니다. 종합건설업자는 입찰이나 협상을 통해 프로젝트 구축에 필요한 모든 재화와 서비스를 합의된 금액으로 제공하도록 준비합니다. 그들은 보통 하도급자로 알려진 다른 회사들과 하위 계약을 맺고 작업 일부를 수행합니다. 시공자는 항상 직속 직원(월급을 지급하는)으로 작업반장foremen과 감독관supervisor을 고용하여 자재의 이동, 작업 구역 청소, 뒷정리와 같이 기술이 덜 쓰이는 작업을 수행하는 경우가 많지만, 다른 모든 작업은 일반적으로 다양한 하도급자가 "하청" 방식으로 제공합니다. 어떤 종합건설업체들은 종종 목수를 자체적으로 보유하고 있으며, 어떤 하도급자는 종합건설업자가 되어 그들의 사업 범위를 넓히고, 그들의 본래 하도급 숙련공('메카닉스'라고 불리는, 비록 당신의 자동차 수리를 하지는 않겠지만)을 그들의 직속 직원들로 유지하기도 합니다. 우리 회사는 예전에 종합건설업자와 같이 일한 적이 있었습니다. 그 회사는 도장전문 하도급업체로 시작하였으며, 현재는 그 회사 창업자의 아들이 운영하고 있습니다. 그 아들은 기존의 업체를 종합건설업체로 확장하였지만, 본래 있던 페인트 시공 작업자들을 모두 직원으로 두고 별도의 하도급자와 계약하지 않고 '자신의 힘으로' 도장 시공일을 담당하게 하였습니다. 대형 프로젝트의 경우 하도급자가 재하도급자에게 작업을 하청하기도 합니다. 예를 들어, 중대형 사무실 리노베이션 프로젝트에서는 일반적으로 종합건설업자가 하도급자에 HVAC(공기조화설비) 작업을 의뢰합니다. 그런 다음 이 하도급자는 한 회사와는 판금 덕트를 스케치, 생산 및 설치하는 계약을 하고, 다른 회사와는 제어 시스템을 생산하는 계약을 맺고, 또 다른 회사와는 복사 난방 시스템을 위한 배관 설치공사 계약을 체결하게 됩니다. 이들 업체는 모두 HVAC 하도급자의 재하도급자입니다. 또한 HVAC 하도급자는 장비 제공업체를 통해 주요 HVAC 구성 요소(보일러, 냉각기, 응축 장치, 공기조화기 등)를 구입하고, 각각의 하도급자의 재하도급자는 자체적으로 소형 부품을 구매하게 됩니다.

공급업체와 제조업체는 프로젝트의 모든 구성 요소를 개발, 생산,

재고, 배송 및 분배합니다. 이들 중 일부는 목재와 같은 일반적인 재료이며, 치수 및 성능시방서performance specifications와 가격에 따라 부품을 구매합니다. 론스타Lone Star 브랜드 시멘트를 요구하는 경우는 드물지만, 제조사 특유의 디자인이나 성능 특성 때문에 브랜드 이름별로 도장이나 조명기구를 명시하는 것이 일반적입니다. 일부 제조업체는 기본적으로 표준 제품(프로젝트당 맞춤형 수준이 높지 않음)을 만들기도 하며, 때로는 정기적으로 입고되기도 하지만, 때로는 특정 프로젝트를 위해 주문할 때만 제조하기도 합니다. 일반적으로 다양한 표준 옵션(예: 대형 HVAC 구성품)을 사용하여 제작할 수 있는 크고 비싼 부품이나 대규모 프로젝트를 위해 대량으로 주문된 재료는 특별 주문으로 제작됩니다.

제작업체fabricator는 맞춤형 캐비닛이나 조명기구처럼 공장이나 별도의 작업장(현장이 아님)에서 주문 설계 및 제작된 부품을 만드는 업체를 말합니다.

건설업계는 건설업자의 마지막 그룹을 구성합니다. 노동조합labor unions은 위에서 언급한 시공자 및 하도급자가 고용한 숙련된 노동력의 대부분을 공급합니다. 노동조합에는 입사한 노동자들에게 작업 방법을 가르치는 훈련 기관들이 있습니다. 노동조합은 건강, 복지, 퇴직연금 같은 직원 복리후생을 제공하며, 종종 복수-고용주 제도로 운영되어 근로자가 여러 고용주를 옮겨다니며 복리후생을 누릴 수 있도록 합니다. 이들은 고용주 집단 및 대형 건설업체들과 임금, 복리후생, 근무 규칙에 대해 단체 교섭을 진행합니다. 이들은 시공업체들이 많은 시간을 소비하는 면접과 훈련 없이도 목수, 석공, 전기공과 같이 풍부한 경험과 자격을 갖춘 숙련된 노동자들을 빠르게 고용할 수 있는 고용센터를 운영하여 보다 효율적인 노동시장을 형성합니다.

관련 분야

주요 당사자(건축주, 설계자, 시공자)가 건물을 만드는 전통적인 과정에서 중심적인 역할을 하지만, 다른 많은 개인과 기업들도 사업에서 중요한 역할을 합니다. 그들은 자금을 마련하고 그 다음에 금융, 마케팅 및 판매 분야에서 건물들(또는 그 일부)의 광고, 마케팅, 임대 및 판매를 담당하는 사람들과 그리고 법률, 연구, 시험 및 공무원을 포함하는 품질과 준수를 관리하는 사람들로 분류될 수 있습니다. 마지막으로, 기술이나 직원이 부족한 건축주가 자신이 필요한 모든 서비스를 제공할 수 있도록 도와주는 건축주 대리인owner's representatives으로 알려진 독립적인 프로젝트 관리자가 존재합니다.

재무

건축비가 매우 많이 들기 때문에, 개인 주택 건축주나 대기업을 막론하고, 대부분의 건축주는 건축비를 지불하기 위해 돈을 빌립니다. 이러한 자금 마련의 가장 일반적인 형태는 부동산을 담보로 하는 대출인 부동산담보대출mortgage 입니다. 신규 건설의 경우, 차입금은 일반적으로 다음과 같은 두 경우로 나뉩니다. 건설이 진행됨에 따라 지급되는 건설대출construction loan과 공사가 완료되었을 때 상환되고 영구대출permanent loan 또는 주택담보대출로 전환되는 경우입니다. 영구적인 대출은 예를 들어 15년에서 30년에 걸쳐 건축주에 의해 상환이 이루어집니다.

대출이 이루어지는 과정은 다음과 같습니다. 건축주는 영구적인 대출을 받기 위해 잠재적인 대출자, 즉 보통 은행에 갑니다. 대출해주는 당사자(은행)는 부지 정보, 건축 계획, 건축주/시공자 계약, 완료된 프로젝트에 대한 재무 정보(이를 '재무제표pro forma'라고도 함), 부동산 운영 비용, 세금, 보험, 수리, 인력(상업용 부동산의 경우), 대출금 지급 방법 등의 모든 정보를 받습니다. 주택의 경우, 주택 건축주의 소득과 자산 정보를 포함합니다. 개발업자가 임대할 건물의 경우 제안된 임대 구조 정보를 포함합니다. 대출업체는 이 같은 내용을 분석해 발주처와 차입자의 재무 건전성, 사업의 가치 등을 고려해 사업성이 양호한지 판단합니다. 은행은 종종 부동산의 가치를 판단할 자격이 있는 전문 감정평가사appraiser를 활용하여 대출금액이 완공된 건물의 기대/예상 가치보다 적도록 합니다. 주택 건축주의 주택 담보 대출과 마찬가지로, 건축주가 매월 상환하지 않으면, 은행은 부동산의 소유권을 넘겨받을 것입니다. 이 경우에는 담보권행사foreclosure로서 은행은 대출해준 금액보다 더 가치 있는 것을 소유하게 될 것을 확실히 하려고 합니다. 보통 대출자는 건축주가 자기자본owner's equity으로 알려진 일부 개인의 자금을 내놓도록 하여 담보인정비율loan-to-value[3]이 1 : 1 미만, 즉 부동산 가치가 대출액보다 커서 동산이 압류될 때, '언더워터underwater[4]' 상황이 되지 않도록 합니다.

은행이 영구대출을 하기로 동의하면, 프로젝트가 만족스럽게 완료되고 건축주에게 합의된 금액을 빌려주기로 약속하는 약정서commitment letter를 발행합니다. 상업용 부동산에서, 필요한 완공 수준은 단순히 공사를 끝내고 건물점유허가서_{certificate of occupancy}를 받는 것을 넘어, 합의된 임대료로 공간의 일정 비율을 임대하는 것을 포함할 수도 있습니다.

영구대출은 완공된 건물을 어떻게 부담해야 하는가에 대한 문제에는 답하지만, 보통 토지 취득과 건축사 및 엔지니어 비용, 시공사에 대한 대금 등 완공 전에 발생하는 비용을 어떻게 부담해야 하는지는 다루지 않습니다. 이러한 중간비용을 충당하기 위해 건축주는 건설대출을 받기 위해 대출업체(종종 다른 은행)에게 영구대출을 약속하는 서한을 가져갑니다. 건설업 대출자는 영구대출자보다 더 높은 위험을 부담합니다. 공사가 제대로 이루어지지 않는다면 어떻게 되나요?

초과 비용이 발생하면 어떻게 합니까? 만약 그 일이 끝나기 전에 시공자가 사라지거나 파산해서 그 일을 끝내기 위해 더 비싼 시공자를 고용해야 한다면 어떻게 될까요? 만약 건축주가 그 공간을 성공적으로 매매하거나 임대하지 못한다면 어떻게 될까요? 건설 융자의 대출자는 관리에 더 많은 시간을 쓸 필요가 있습니다. 공사 진행에 따른 지급이 보조를 맞추도록 하는 것은 매우 시간이 오래 걸리는 작업입니다. 따라서 이자율(차입 비용)은 영구대출보다 건설대출이 더 높습니다. 그렇기 때문에 건설대출을 받은 건축주가 영구대출로 전환하기 위해 서두르는 이유입니다.

제가 왜 이런 이야기를 하는 걸까요? 결국, 우리는 건축사일 뿐이니, 건축주들이 어떻게 돈을 구할 수 있을지 걱정하게 하세요! 글쎄요. 건축주가 돈을 받지 못한다면, 당신은 프로젝트를 진행할 수 없기 때문입니다. 게다가 건축사는 건축주가 대출을 받을 수 있도록 일부 자료를 제공하도록 요청받을 것이기 때문에, 잘 준비하고 제시해야 할 충분한 이유가 있습니다. 마지막으로, 건설대출을 영구적인 자금 조달로 전환할 수 있도록 건물을 충분히 완성하고 매달 대출금을 더 적게 지불하려는 건축주의 열망은 건축사인 여러분에게 그 일을 끝내도록 압력을 가할 수도 있습니다. 건축주는 심지어 당신이 일을 완료했다는 것을 증명하기 위해 여러분에게 '의지'할 수 있으며, 이것은 당신이 중대한 책임을 지는 상황에 처하게 될 수 있습니다. 이래도 아직 관심이 없나요?

주택담보대출금을 찾는 것은 상근직에 해당할 수 있습니다. 그러므로 당연히, 그것은 직업입니다. 주택담보대출 중개업자들mortgage brok-ers은 그들이 가장 유리한 조건과 가장 좋은 비율로 자금을 찾을 수 있도록 돕기 위해 건축주들에 의해 고용됩니다. 저는 빌딩의 주요 자금원으로 은행을 언급했습니다. 은행들은 실제로 대출을 평가하고 처리하기 위해 설립되었습니다.

그들은 또한 돈을 빌려주는 주요 자금원이었습니다. 이제 미국에는 연금 기금과 보험 회사라는 두 가지 주요 자본이 있습니다. 그들의 자원은 수조 달러에 달하며, 그중 일부는 건설 자금 조달에 사용됩니다. 대출은 종종 은행을 통해 관리되지만, 큰 프로젝트에서는 이러한 자금에서 나오는 돈이 건축주에게 직접 대출되는 경우가 많습니다. 때때로 은행은 대출그룹을 종합하여 모대출 지원 증권으로 알려진 증권으로 전환합니다. 이처럼 건물과 관련된 금융의 세계는 건설의 세계만큼 크고, 복잡하고, 매혹적입니다.

마케팅, 영업 및 기타

주택담보대출 중개인이 건설을 가능하도록 건축주와 대출자 사이의 격차를 메우듯이, 마케팅 전문가marketing specialists, 부동산 중개인real estate agents, 중개인brokers은 다른 사람들을 위해 건물을 짓는 건축주와 주거용 또는 상업용 건물의 구매자 또는 임차인인 최종 사용자를 중개합니다. 마케팅 전문가들은 종종 프로젝트에 초기부터 관여합니다. 우리 회사는 콘도미니엄으로 분양될 아파트를 설계한 적이 있습니다. 개발업자의 마케팅 에이전트는 모든 초기 디자인 회의에 참석하였으며, 그녀가 모든 설계 문제에 대해서 사실상 고객이라는 점이 분명해졌습니다. 어떤 계획이나 기능이 잘 팔릴지에 대한 그녀의 의견은 고객의 결정을 이끌었습니다.

마케팅 담당자는 설계를 이끄는 데 도움을 줄 뿐만 아니라 완성된 공간을 보여주고, 다른 브로커에게 보여주어 판매자의 영역을 넓히고, 프로젝트를 홍보하여, 때로는 건축사의 이름을 주요 판매전략으로 삼기도 합니다.

대규모 건설 프로젝트를 관리할 수 있는 전문 지식이 없는 건축주는 자신을 위해 이러한 기능을 처리하는 건축주 대리인owner's reps에게 작업을 외주로 줄 수 있습니다.

건설에 영향을 미치는 다른 그룹은 건설 및 사용의 측면을 연구하고(제가 보기에는 너무도 적은 노력) 시험 서비스를 제공하는 그룹입니다(프로그램, 성능, 사회학, 지속가능성, 탄력성 등 건물 사용에 관해서 연구하는 사용자 그룹/조합은 사실상 없습니다).

재료나 제품이 시장에 출시되기 전에 시험을 수행하는 것은 일반적인 사용환경과 화재, 지진, 홍수, 허리케인 또는 기타 극한 조건과 같은 각종 스트레스 사용환경에서 성능 특성을 결정하기 위해 여러 가지 방법으로 이루어집니다. 이러한 시험은 신뢰성을 위해 독립적인 시험 기관, 예를 들면, UL Underwriters Laboratories과 같은 민간 시험 기관이나 미국 표준국 Bureau of Standards과 같은 정부 기관에서 수행되어야 합니다. 건설업계와 일반 대중은 모두 건물의 안전성과 성능을 위해 이들 단체가 발표한 표준과 규격에 의존하므로 연구소는 중요한 역할을 합니다. 실제로 많은 건축법규는 내화성능, 연기의 독성, 흡음성, 마모성, 에너지 효율성 및 기타 요인과 관련하여 건축 시스템에 사용되는 재료, 재료 조립체 및 장비에 대한 그러한 연구소의 시험 결과에 기초한 요건을 가지고 있습니다.

공사가 진행되면 독립적인 시험업체도 제역할을 합니다. 예를 들어, 현장에서 콘크리트를 타설할 때, 각각의 배치와 주입하는 콘크리트 샘플은 직경 6인치, 길이 12인치 크기의 플라스틱 실린더에 넣고, 날짜 및 주입으로 표기를 한 후, 실험실에서 어떤 압축 압력 아래에서 파괴가 일어나는지 측정합니다. 그 결과, 구조 엔지니어가 지정한 압축 강도를 콘크리트가 충족하는지(또는 그렇지 않은지) 확인을 한 결과, 건물이 의존하는 구조적인 건전성에 다다르게 됩니다.

저는 12장에서 건축법규와 조닝에 대해 논의하겠지만, 저는 여기서 그중에서 정부 공무원 governmental officials이 수행하는 역할 중 몇 가지를 언급할 것입니다. 조닝 및 건축법규 zoning and building codes는 정부 관리들에 의해 연구되고 제안되고 작성됩니다. 법규가 제정된 후, 건축 공무원들은 법규를 준수하기 위한 계획을 검토하고 건물이 승인된 계획 및 적용 가능한 법과 법규를 준수하는지 검사합니다. 또한, 도로, 대중교통, 급수, 폐기물 처리, 전력 생산과 분배를 포함한 오늘날의 복잡한 인프라 시설의 설계, 생산, 검사, 그리고 유지가 광범위한 전문가(그들 중 대다수는 정부에 속한 공무원)들에 의해 수행됩니다.

연방정부 직원은 또한 직업안전보건청Occupational Safety and Health Administration, OSHA에 따라 작업장의 안전과 미국장애인법Americans with Disabilities Act, ADA에 따라 접근성과 관련된 법률을 작성하고 관리합니다. 몇몇 지방정부들은 다양한 랜드마크법에 따라 건축, 역사 또는 사회적 중요성을 지닌 건물을 보호하기 위해 일하는 보존 및 보전 전문가들을 보유하기도 합니다. 공공 보건, 안전 및 복지는 민간 면허를 소지한 전문가뿐만 아니라 공공 서비스에 종사하는 광범위한 사람들에 의해 이루어집니다.

Construction Industry Organizations
건설업계 단체들

이번 장에서 언급된 모든 단체(그리고 수천 개 이상)에는 자신의 이익을 대변하는 전문가, 무역 또는 제조 협회와 같은 조직이 있습니다. 미국 건축사의 절반가량이 AIA 회원인데, AIA는 대중에게 건축사의 이익을 대변하고 전문적인 교육과 발전을 촉진하는 데 도움을 줍니다. 엔지니어는 다양한 전문 엔지니어Professional Engineer, PE뿐만 아니라 구조 또는 전기 엔지니어와 같이 별도의 하위 전문분야를 다루는 많은 조직이 있습니다. 계획가들은 미국계획협회American Planning Association, APA, 조경건축가의 경우에는 미국조경건축가협회American Society of Landscape Architects, ASLA라는 단체가 있습니다. 설계 전문가들로 구성된 이러한 조직은 종종 지역, 주 정부 및 연방정부 수준에서 공공 정책 및 규제 문제에 대해 함께 작업합니다. 이러한 조직의 구성원은 대부분 중소기업을 대표하며, 협회는 공유된 관점을 위한 강력한 플랫폼이 될 수 있습니다. 개인 회원들로 이루어진 조직은 종종 표준화된 계약서를 작성합니다. 예를 들어 널리 사용되는 AIA에서 개발된 계약서 및 각종 양식은 지난 한 세기 이상 사용되었습니다. 이들은 5장, 6장, 8장에서 논의가 이루어집니다.

건설업자는 종합건설업체협회Associated General Contractors of America, AGC와 전미주택건설협회National Association of Home Builders, NAHB와 같은 단체에 속해 있습니다. 대부분의 제조업 그룹에는 건축 목공연구소Architectural Woodworking Institute나 강재 문 제조업체 협회Steel Door Manufacturers Association 등과 같은 협회가 있습니다.

이러한 모든 조직, 협회 및 전문집단은 서비스 품질 수준과 예측 가능성, 표준화된 재료, 그리고 궁극적으로는 최종제품(건물)의 품질을 위한 전문적이고 산업 전반의 표준을 만드는 데 도움을 줍니다.

The Parties in the Construction Industry

[1] 폴리클로로프렌 또는 클로로프렌 고무는 뒤퐁사의 캐로더스가 개발한 합
    성 고무이며, 클로로프렌을 중합시켜서 만든 것이다. 상품명이 네오프렌
    이다.

[2] 건축사와 컨설턴트의 계약은 대부분 건축사가 사용자의 입장이 된다. 그
    리고 건축설계의 특성상 다양한 컨설턴트를 필요로 하며, 특별한 문제가
    없는 한 기존의 컨설턴트와 함께 지속해서 실무를 진행한다. 따라서 컨설
    턴트의 입장에서는 건축사가 고객이 되며, 기존 컨설턴트를 대신하여 새
    로이 진출하기 위해서는 자신들의 역량 및 경험을 충분히 제시하여 새로
    운 계약관계를 맺을 수 있도록 하는 것이 매우 중요하다.

[3] 담보인정비율(LTV)은 은행 등 대출기관(lender)에서 돈을 빌려줄 때 담보
    가 되는 자산(asset)의 가격에 대비하여 인정해 주는 대출(loan)의 비율을
    말하는 금융 용어이다.

[4] 부동산 가격보다 담보 대출금이 더 높은 상태를 가리키는 말이다.

건축서비스 마케팅(프로젝트 수주)

Marketing Architectural Services(Getting the Project)

건축서비스 마케팅(프로젝트 수주)
Marketing Architectural Services(Getting the Project)

19세기 미국의 위대한 건축가 헨리 홉슨 리처드슨[1]은 건축에서 가장 중요한 세 가지는 "프로젝트, 프로젝트, 프로젝트"라고 말했습니다(제가 지금까지 읽은 건축실무에 관한 모든 책은 이로부터 시작합니다. 저는 성스러운 전통을 깨거나, 당신이 진짜 책을 읽고 있지 않다고 생각하게 하고 싶지 않았습니다).

아쉽게도 그는 프로젝트를 얻는 방법에 대해서는 많은 조언을 해주지 않았습니다. 이번 장에서는 제가 생각하는 많은 가능성 중 몇 가지를 다루려고 합니다.

가장 기본적인 접근 방식은 여러분이 가장 잘 제공할 수 있는 서비스를 알고, 누가 그것을 필요로 하는지 이해하고, 그들에게 필요한 것을 제공할 수 있는 여러분의 고유한 능력을 전달하는 것입니다. 일관성 있고 조직적이며 집중적인 방식으로 실무를 진행한다면, 여러분은 프로젝트를 수주하게 될 것입니다.

따라서 먼저 자신과 회사를 위한 목표를 설정하고 현실적이지만 낙관적인 계획, 즉 이러한 목표를 달성하기 위한 전략과 기술을 개발하시기 바랍니다.

이 책의 서두에서 이미 말씀드렸듯이 개인 소유 기업이든 대기업에서든 건축사가 가질 수 있는 다양한 기술, 경험, 재능, 전문지식이 있습니다. 어떤 건축사도 모든 잠재적인 건축주를 위해 모든 것에 있어서 최고일 수는 없습니다. 따라서 첫 번째 단계는 여러분 자신을 아는 것know yourself이 필요합니다. 여러분이 즐기고 하고 싶은 것, 여러분이 가지고 있는 기술, 그리고 여러분이 이전에 성공적으로 해왔던 일들, 그리고 따라서 전문적인 지식을 가지는 것입니다. 과거에 수행한 프로젝트의 특성들을 새로이 조합하여 이를 마케팅 전략에 활용할 수 있습니다. 예를 들어, 만약 여러분이 이전에 1) 새로운 과학 실험동 프로젝트, 2) 오래된 건물을 사무실로 리모델링하는 프로젝트, 그리고 3) 9월 1일까지 반드시 완공되고 운영되어야 하는 교육시설 프로젝트를 성공적으로 수행하였다면, 여러분은 아마도 오래된 공장 건물을 생명공학 실험동으로 리모델링하는 프로젝트(투자를 유치하기 위해 9개월 후에 완공 및 운영이 되어야 하는)를 수행하는 데 적합할 것입니다. 여러분은 그러한 정확한 조합의 프로젝트를 해본 적이 없을 수 있지만 (아마 아무도 하지 않았으니 걱정하지 마세요), 여러분은 모든 부분에서 전문가라는 설득력 있는 목소리를 낼 수 있어야 합니다. 따라서 여러분은 바이오젠나우BioGenNow라는 새로운 실험실 프로젝트에 절대적으로 적합한 설계자입니다.

일단 여러분이 자신의 장점을 정직하게 파악했다면, 두 번째 단계는 시장에 대해 배우라는 것learn about the marketplace입니다. 건물 유형, 지리적 위치 및 프로젝트 규모와 복잡성을 포함한 분명한 요소를 기준으로 시장을 식별합니다. 고객이 명확히 설명하지 못했거나 의식하지 못할 수 있는 덜 명백한 문제에 대해 자세히 알아봅니다. 일부 건축주는 많은 인기를 얻을 유행을 선도하는 디자인을 원합니다. 어떤 사람들은 세심한 연구와 그들의 특정한 요구에 맞게 건물을 개조하는 사려 깊지만 수수한 디자인을 원합니다. 일부 건축주의 경우, 건축사 설계비 지급 시점은 대출약정과 건설자금 대출을 받기 전에 자금을 조달해야 할 가장 큰 선지급 비용이 될 수 있으므로 건축사의 서비스 질이 아닌 설계비가 건축사 선정에서 가장 중요한 기준이 될 수 있습니다. 다른 사람들에게는, 설계의 품질, 자원의 창조적인 사용, 잘 제작되고 철저한 건설 문서에 대한 확신, 그리고 그들이 세심한 서비스를 얻기 위한 지식이 설계비보다 더 중요합니다. 사실, 설계비에 대한 민감도는 개인뿐만 아니라 건축주 유형에 따라 매우 다릅니다. 건축주가 어떤 문제에 관심을 보이는지 설명하는 별도의 일람표는 없습니다. 여러분은 단지 시간과 경험을 통해 그것을 배우게 될 것입니다. 그리고 때때로 여러분은 꽤 놀랄 것입니다. 저희에게는 설계비 액수가 매우 중요하지만, 품질에 대해서는 무관심해 보이는 건축주들이 있었습니다. 다른 건축주들은 디자인, 디테일에 대한 회사의 관심, 일정에 신경을 썼지만, 품질과 일정 또는 예산 준수에 비해 설계비의 비중이 미미하다고 공개적으로 이야기해주었습니다. 설문조사에 따르면, 건축주들이 설계 전문가들에게 바라는 가장 일반적이고 기본적인 특성은 바로 신뢰trust입니다. 즉, 그들은 자신의 이익을 위해 최선을 다하는 건축사와 함께 일하기를 원합니다.

여러분이 무엇을 제공해야 하고 여러분이 가진 것을 누가 필요로 하는지 결정한 후에, 여러분은 그들에게 알릴 방법을 찾아야 합니다. 따라서 제3단계에서는 여러분의 서비스를 마케팅market your services해야 합니다. 당신은 많은 사람에게 작은 제품을 파는 것이 아니기 때문에, 몇몇 회사들이 맥주나 아침 음식을 파는 방식인 미디어를 통한 대중 마케팅은 당신의 잠재 고객들에게 다가갈 수 있는 올바른 방법이 아닙니다(그리고 그러한 마케팅은 수백만 달러의 비용이 듭니다). 그렇다면, 작지만 알려지지 않은 목표 그룹에 도달하는 비용 측면에서 효율적인 방법은 무엇일까요?

신문, 잡지, 방송 매체에서의 홍보editorial coverage, 유료 광고paid advertising, 소셜 미디어social media의 세 가지 미디어 접근 방식을 사용할 수 있습니다. 언론 보도와 홍보를 통해 잠재적인 고객에게 여러분과 여러분의 건축작품에 관한 정보를 무료로 제공합니다. 물론, 여러분은 미디어에 들어가는 것이나 그들이 여러분에 대해 말할 것을 통제할 수는 없습니다. 전문 서비스를 위한 유료 광고는 1977년 대법원에 의해 위헌 결정이 내려지고, 1982년 독점금지법 위반이 될 때까지 일부 주에서는 면허 당국에 의해 금지되었으며 미국건축가협회AIA와 같은 전문 집단에 의해 비윤리적인 것으로 간주되었습니다. 이제는 이러한 광고가 가능합니다. 목표한 비용을 효율적인 방식으로 세심하게 수행하면 생산적일 수 있습니다. 건축사사무소 대부분의 광고는 소규모 출판물을 통해 확인할 수 있으며, 종종 회사의 광고가 출판물의 관점을 홍보하는 데 도움이 됩니다. 회사 내에서 '소통', '홍보' 또는 '언론'을 담당하는 직원이나 부서 또는 외부 홍보 컨설턴트가 있는 대기업에서 일하지 않는 한, 회사의 전망과 프로젝트를 언론에 공개하기 어렵습니다. 그러나 작은 회사들은 특히 그들이 젊고 모험적인 일을 한다면 널리 알리는 데 성공할 수 있습니다. 예를 들어, 대중은 뉴스를 통해 치과의사들보다 건축사를 접할 기회가 더 많습니다. 몇몇 신문들은 주거와 상업시설 디자인에 관한 기사를 싣습니다. 《셸터shelter》라는 잡지는 많은 대중에게 흥미로운 작품들을 보여줍니다. 교양 있는 고객들은 건축 잡지인 《트레이드trade》를 통해 종종 무슨 일이 일어나고 있는지 알고자 읽습니다.

다음은 방송 매체입니다. 토크쇼나 인터뷰의 초청 인사가 될 만큼 유명하지 않더라도, 사회자는 물론 신진 건축사들의 열성적이고 박식한 인터뷰 진행자들이라 할지라도, 지역 텔레비전과 케이블 TV 방송국은 지역 사회가 기획하는 계획안, 건물, 그리고 건축사들에 관한 이야기를 운영합니다. 이러한 매체에 채널을 맞추고, 그들과 연락을 취하고, 그들의 방송 프로그램 개발자들을 만나고, 알아가시기를 바랍니다. 특이한 아이디어나 특징을 가진 프로젝트가 있다면, 이를 언급하세요. 이야기를 위한 '후크hook(사람들의 관심을 끌어들이는 장치)'를 제공하는 것은 매우 생산적일 수 있습니다.

뉴스매체를 통해 프로젝트에 대해 읽거나 본 고객으로부터 '깜깜이' 전화를 받는 건축사는 그리 많지 않습니다. 그러나 편집을 거친 보도는 대중에게 잠재의식적으로 '승인'이라는 도장을 전달합니다. 언론에서 독자적으로 당신의 작품을 선택하는 것은 확실하게 당신에게 신뢰를 줍니다. 표지 기사는 고객에게 강력하고도 긍정적인 힘을 실어 줍니다. 홍보 또한 건축사사무소에서 사기를 진작시키는 역할을 합니다. 특히, 프로젝트에 대해서 수석 건축사가 사무실 사람들과 일상적인 작업 과정과 성과를 함께 인정받을 경우 더욱 그렇습니다. 지원 인력은 프로젝트의 성공을 위해 필수적입니다.

대부분의 건축사사무소는 홈페이지website를 가지고 있습니다. 세심하게 설계되고 신중하게 배치된 홈페이지를 통해 매우 적은 비용으로 회사에 대한 풍부한 정보를 제공합니다. 즉, 회사의 구성원, 이전 프로젝트, 각종 수상 및 출판물이 이에 해당합니다. 심지어 홈페이지 디자인에서도 건축사사무소의 철학에 대해서 알 수 있습니다.

특히 정부 및 대규모 '공개 입찰' 민간 프로젝트를 수행하는 데 능숙한 건축사사무소에서 프로젝트를 수주하는 또 다른 일반적인 방법은 공개적으로 광고된 제안요청서RFP, Request for Proposal[2]를 작성해서 제출하는 것입니다. 이러한 발주처는 홈페이지뿐 아니라 다양한 민간 및 정부 간행물에 예정된 프로젝트가 나열되어 있는 건축설계서비스 목록을 확인할 수 있습니다. 해당 건축사사무소는 SF 330[3](이전의 254-255)와 같은 표준화된 정부 양식에 자격과 관련 수행 프로젝트 실적을 기입하고 제출합니다.

그러나 언론 보도를 확보하고 RFP에 대응하는 것은 건축설계 서비스를 마케팅하는 방법 목록에서 4위와 5위 밖에 되지 않습니다. 최고의 마케팅 도구는 (당신의 서비스에) 만족한 고객satisfied clients입니다. 당신의 기술, 전문지식, 노력을 통해 일을 훌륭하게 해낸 당신을 높이 평가하는 고객들은 당신이 고용할 수 있는 그 어떤 홍보 담당자보다도 더 우수한 역할을 하게 됩니다. 당신이 그들을 아꼈다는 것을 아는 고객들은 당신을 아낄 것입니다. 그들은 다음 프로젝트에 당신을 고용할 것이며, 그들의 친구들과 동료들에게 당신을 추천할 것이고, 잠재적인 고객들에게 훌륭한 추천서를 제공할 것입니다. 이전 고객들과 연락을 유지하고, 어떻게 하면 여러분이 설계한 건물을 가장 잘 유지하고 수정할 수 있는지 재치 있게 제안하고, 여러분이 하는 일, 그리고 여러분이 받은 상들에 대해 당신의 고객에게 계속 알려주기를 바랍니다. 고객은 자신의 건축사가 더 큰 성공을 거둘 때 이를 매우 좋아하고 종종 개인적인 자부심을 느끼며, 이는 실제로 고객의 프로젝트 가치를 높일 수 있습니다. 가장 성공한 건축사사무소의 75~85%의 프로젝트는 반복적으로 찾아오는 고객을 위한 것이라고 종종 이야기합니다.

고객을 유치하는 두 번째로 좋은 방법은 지역 사회를 중심으로 한 네트워킹civic networking인데, 이것은 실제로 제가 건축실무 교수님으로부터 배운 것입니다. 그는 필라델피아에서 살기로 결심한 제2차 세계 대전 해군 참전 용사 네브래스카 출신이었습니다. 그는 그곳에 아는 사람이 없었지만, 매우 적극적으로 행동하였습니다. 그는 작은 회사에서 일했고, 건축사 자격증을 취득하였으며, 그가 찾을 수 있는 모든 시민 단체에 가입하였습니다. 네브래스카대학교의 필라델피아 동창회, 은퇴한 미 해군장교 클럽, 지역 사회 개선 단체, 교회, 학교 자원봉사 프로그램 등 그는 자신이 똑똑하고, 지역 사회에 관심이 있고, 도움이 되고, 부지런하고, 열심히 일하는 것을 보았던 다양한 시민들을 폭넓게 만났습니다. 그는 곧 다가올 건축 프로젝트에 대해 알게 되었을 때, 그를 생각하는 많은 연락망과 친구들을 갖게 되었습니다. (매우 전문적인 직업에 종사하는 것의 장점은 당신이 당신의 친구들이 아는 유일한 건축사일지도 모른다는 것입니다!) 제 교수님은 곧 이 사람들로부터 그리고 이 사람들을 통해 프로젝트를 수주하기 시작하였으며, 그들은 만족스러운 고객이 되었습니다. 그의 사례만으로도 대학원에서 받은 교육비만큼의 가치가 있었을 것입니다. 저는 졸업 후에 그와 같은 방식을 따랐고, 몇 년 동안 같은 방식으로 많은 일을 맡게 되었습니다. 여러분도 그렇게 해야 합니다. 그것은 여러분의 지역 사회와 여러분이 수행하는 건축실무에도 유익합니다- 이 두 가지가 어떻게 병행하며 진행되는지 보는 것은 매우 놀라운 일입니다.

저는 건축사들이 프로젝트를 수주할 수 있는 가장 잘 알려진 방법 하나를 끝까지 남겨 두었습니다. 그것은 바로 설계공모competitions를 통한 방법입니다. 지금 당장 제 카드를 꺼내 놓겠습니다. 저는 이런 방식은 21세기 미국에서 형편없는 발상이며, 우리 직업의 남용이라고 생각합니다(이것은 아마도 제 학생들이 제 의견에 가장 크게 동의하지 않는 주제일 것이고, 이런 방법으로 많은 프로젝트를 얻은 드문 동료들과 가장 큰 논쟁을 불러일으킬 것입니다).

일반적으로 두 종류의 설계공모가 있습니다. 누구나 참가할 수 있는 공개적인 일반공개공모와 소수의 건축사/기업만 참가하도록 요청되는 지명초청공모가 있습니다. 후자의 경우에는 종종 초대된 각 참가자에게 설계비가 지급됩니다.

설계공모에는 다음과 같은 장점이 있습니다.

1. 혼자서 하는 것보다 더 큰 프로젝트에서 자신을 시험해볼 수 있습니다.
2. 잠재적인 고객에게 보여주기 위해 대규모 프로젝트의 포트폴리오를 개발할 수 있습니다.
3. 당신은 실제로 당선되어, 거대한 프로젝트를 만들고, 세계적으로 유명해질지도 모릅니다.

하지만 설계공모에는 다음과 같은 단점도 존재합니다.

1. 많은 시간과 돈을 쓰게 됩니다.

2. 정보를 제공하는 고객으로부터 생산적인 피드백을 받지 못하고 상대적으로 백지상태에서 설계를 할 수 있습니다.

3. 디자인이라는 행성의 생태계에서 당신은 디자인을 낭비하게 됩니다(설계자가 설계한 솔루션이 없는 수많은 프로젝트가 구축되어 있는데도 구축되지 않는 경쟁 설계가 많아야 하는 이유는 무엇입니까? 이 나라 건설의 85%는 건축사에 의해 설계되지 않은 것으로 추정됩니다).

4. 설계 비용을 지급하지 않거나 적게 지급하는 고객을 대신하여 작업물을 생산합니다(지명초청공모라 하더라도 투입한 시간에 대해서 완전히 보상받는 기업은 없습니다. 어떤 다른 직업도 그 상이 보통의 대가 수준밖에 되지 않는다면 그렇게 많은 무료, 무급 또는 저임금을 받는 일을 하지 않을 것입니다. 이는 2달러짜리 복권을 2달러짜리 당첨금으로 사는 것과 같습니다).

5. 당신은 그 프로젝트를 실제로 수행할 수 있는 능력과 관계없이 외모로 미인대회에 참가한 것으로 판단됩니다.

여러분은 당신의 배우자 후보들을 TV에서 보기만 하고, 절대로 만나지 않고, 그(그녀)와의 호흡이 좋은지, 장기적인 관계가 성공적일지 모르는 상태에서 배우자를 선택할 것인가요? 그렇지 않기를 바랍니다. 하지만, 그것이 설계공모와 관련된 것이 아닌가요?

제 의견에도 불구하고, 설계공모를 운영할 수 있는 합리적인 방법들이 있습니다. 미국건축가협회의 지침은 명확하고 공정한 규칙과 공정하고 독립적인 심사위원회를 구성할 것을 요구합니다. 설계공모에 참가하기 전에 당신이 할 수 있는 모든 것을 알아보세요. 심사위원은 누구인가요? 그쪽과 다른 설계 방향이 있나요? AIA 표준에 의해 운영되지 않는 많은 설계공모는 아무리 열성적이고 차별이 없는 공모전 참가자라 하더라도 피합니다. 만약 당신이 참여한다면, 당신은 이기기 위해 설계공모를 해야 합니다. 행운을 빕니다!

어떠한 방식으로 당신의 서비스를 마케팅하든 다음의 지침을 따르세요.

1. 전망, 당신의 행동, 그리고 결과를 기록하세요.
2. 완성된 프로젝트, 안내 책자, 프로젝트 포트폴리오, 컴퓨터 프로젝션 프레젠테이션 및 훌륭한 웹 사이트의 사진 등 잘 디자인된 최신 마케팅 자료를 보관하십시오.
3. 인터뷰를 위한 전략을 세우세요. 가능하면 비디오카메라로 연습하시기 바랍니다.
4. 면접 이전에 인터넷, 동료, 친구를 통해 잠재 고객을 조사하시기 바랍니다.
5. 인터뷰 설정을 숙지하세요. 당신은 50명보다 5명을 위한 다른 발표가 필요합니다.
6. 경쟁 상대를 아시기를 바랍니다. 만약 여러분이 더 큰 회사와 맞서고 있는 작은 회사라면, 중요한 일에 개인적인 관심을 제공할 수 있는 능력을 강조하세요. 반면에, 작은 회사와 경쟁할 때에서는 자회사의 능력 있는 두터운 층의 건축사들이 있으며, 이를 바탕으로 추진력 있게 프로젝트를 수행할 수 있다는 장점을 강조하십시오.

7. 건축주에게 요구하는 건축설계 서비스 비용구조보다는 제공하는 서비스의 질을 강조하십시오. 해당 프로젝트에 대한 공정한 설계비 협상을 제안하세요. 유일한(또는 주요) 문제가 가격으로만 귀결되어, 건축설계 서비스가 한낱 하나의 상품으로 취급되는 것을 피하시기를 바랍니다.
8. 프로젝트에 필요한 당신의 고유한 능력 및 자격을 강조하십시오.
9. 여러분이 프로젝트를 얻지 못하는 진짜 이유를 배우려고 노력하시기 바랍니다. 이는 어려운 일입니다. 만약 당신이 이에 대해 어떠한 설명을 듣게 된다면, 이는 진실보다는 예의로부터 비롯될 가능성이 큽니다.

건축서비스 마케팅에 관한 최고의 책 중 하나는 실제로 건축사를 위해 쓰인 것이 아닙니다. 이는 20세기 광고 중역인 데이비드 오길비David Ogilvy가 쓴 《어느 광고인의 고백Confessions of an Advertising Man》이라는 책입니다. 지금은 절판되었지만, 도서관에서 구할 수 있으며, 중고서적으로도 구입할 수 있는 이 책은 분량이 짧고 읽기가 좋습니다. 그가 '광고인'이나 '광고'를 말할 때마다 단순히 '건축사'와 '건축설계'라는 단어로 대체하세요. 건축설계업에서 당신의 서비스를 홍보하고 촉진하기 위한 매우 훌륭한 조언이 담겨 있습니다!

마지막으로, 당신의 회사를 위해 마케팅을 하는 주체가 누구인지 기억하시기 바랍니다. 그것은 바로 여러분 회사에 있는 모든 사람입니다. 회사에 전화를 건 사람이 받는 첫인상은 전화를 처음 받는 직원으로부터 이루어집니다. 회사의 모든 사람은 잠재적인 고객과 현재 고객에게 인상을 심어주므로 가장 전문적이고 예의 바른 태도로 회사를 대표해야 합니다. 직원들이 이에 더 많이 동의할수록, 당신은 더 많은 잠재적인 프로젝트에 대해 듣게 될 것입니다. 동료들에게 귀를 기울이고 '지성'을 공유하는 방법을 가르쳐주고, 프로젝트가 끝나면 항상 그들에게 감사하는 것을 기억하시기 바랍니다.

　　일단 당신이 새로운 사업을 추구하는 방법을 깨닫게 되면, 그것이 도전적이고, 창의성과 재능이 필요하다는 것을 알게 될 것입니다. 마침내 성공적으로 수행했을 때, 매우 보람을 느낄 것입니다. 기억하세요. 프로젝트를 수행하는 재미를 느끼기 전에 먼저 '프로젝트, 프로젝트, 프로젝트'를 얻어야 합니다.

미주 ───────────────────────────────

[1]　Henry Hobson Richardson(1838–1886). 루이스 설리번과 프랭크 로이드 라이트와 함께 당시 미국을 대표하는 건축가로 평가된다. 그의 건축은 리처드슨 로마네스크 양식으로 요약되며, 대표작으로는 보스턴에 있는 트리니티 교회(1872)가 있다.

[2]　발주자가 특정 과제의 수행에 필요한 요구사항을 체계적으로 정리하여 제시함으로써 제안자가 제안서를 작성하는 데 도움을 주려는 문서이다.

[3]　SF 330은 Standard Form 330으로서 미국 정부의 프로젝트를 수주하기 위해 건축사 및 엔지니어의 자격 및 수행실적(Architect–Engineer Qualifications)을 작성하기 위한 양식이다. 기존의 SF254 및 SF255 양식을 통합하여 만들었다.

CHAPTER 4

프로젝트 수행 방식

Project Delivery Methods

프로젝트 수행 방식
Project Delivery Methods

이 책은 건물을 만드는 데 있어서 주요 세 당사자, 즉 건축주, 건축사, 시공자 간의 고정적인 계약관계에 초점을 맞추고 있습니다. 오늘날에도 프로젝트 대부분은 여전히 이러한 전통적인, 소위 설계–입찰–시공 design–bid–build이라고 불리는 수행 방법에 따라 건물을 설계하고 시공이 이루어집니다. 이 과정은 때로는 설계–낙찰–시공design–award–build이라고도 알려져 있으며, 건축주는 건축사를 통해 프로젝트를 설계하고 여러 시공자가 입찰('입찰')할 수 있는 설계 도면과 시방서('설계')를 준비합니다. 건축주는 선정된 시공자 중 한 명과 계약('낙찰')을 체결합니다. 이 시공자는 건축사가 작성한 도면과 시방서에 따라 프로젝트를 시공합니다('시공').

저는 여기에서 이 계약과 몇 가지 대안 방법들, 그리고 그러한 대안 중에서 일부 변형 가능한 방법들에 대해 토론할 것입니다. 모든 계약에는 세 종류의 당사자가 존재합니다.

1. 개인이나 그룹은 프로젝트의 모든 측면을 조직하고 완공된 건물을 소유하게 됩니다. 이 개인 또는 그룹은 자신들의 요구사항을 정의하고, 부지를 찾고, 자금을 마련하고, 건축사와 건설업자를 고용하고, 협력하며 보수를 지급합니다. 나는 이 당사자를 건축주owner라고 부릅니다.

2. 마찬가지로, 설계안을 만들고, 문서화하고, 관리하는 개인 또는 회사(엔지니어와 컨설턴트 포함)를 건축사architect[1]라고 합니다.

3. 마지막으로, 시공자contractor는 이러한 설계를 바탕으로 건설을 수행하는 사람들로 구성이 됩니다.

Design-Bid-Build
설계-입찰-시공

설계-입찰-시공 프로젝트 수행 방식에서, 이 세 개의 독립체적인 당사자(건축주, 건축사, 시공자)는 성공적인 프로젝트라는 공통의 목표를 가지고 계약을 통해 결합이 이루어집니다(팀원 중 일부가 이기고 일부는 지는 그런 팀은 없다는 것을 기억하십시오). 그러나 파트너들은 서로 다른 의제와 영업상의 목표를 가지고 있습니다. 설계-입찰-시공의 과정에서 건축주, 건축사, 시공자가 분리되는 것은 건축사가 모니터링을 통해 시공 중 건축주의 이익을 보호하는 데 도움을 줄 수 있다는 장점이 있습니다.

설계-입찰-시공에는 두 가지 종류의 주요 계약이 있습니다. 첫째는 건축주가 전문적 서비스를 제공받기 위해 건축사를 고용하는 건축

Project Delivery Methods

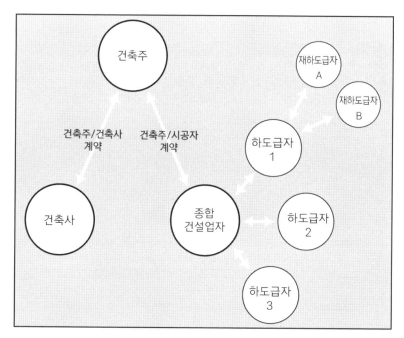

4.1 일괄발주계약(도표)

주와 건축사 사이의 계약이며, 두 번째로는 건축주와 시공자 사이의 계약으로서 건축주가 프로젝트를 건설하기 위해 시공자로부터 건설 서비스, 노동력 및 자재를 획득하게 됩니다.

건축주가 모든 작업을 수행하기 위해 하나의 시공자와 계약을 맺는 경우, 그 계약은 일괄발주계약sole prime general contract에 해당합니다(그림 4.1 참조). 건축주가 작업의 다른 부분에 대해 직접 다른 시공자와 여러 개의 계약을 체결하는 경우, 이를 분할발주계약multiple prime contracts이라고 합니다(그림 4.2 참조). 여기에서 '프라임Prime'의 뜻은 도급자(종합건설업자)와 하도급자 사이의 계약과 달리 건축주와의 직접적인 계약을 말합니다. 분할발주계약은 종종 숙련된 발주자(개발업

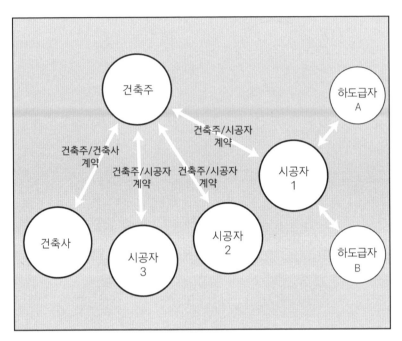

4.2 분할발주계약

자, 정부 당국 등)가 사용하므로, 일괄발주 시공자의 간접비overhead가 제거되고 건축주의 총 건설비용이 절감되는 효과가 있습니다.

변수는 모든 프로젝트에서 같습니다.

• 일의 범위: 양과 질
• 일정: 프로젝트의 각 부분을 수행하는 데 걸리는 시간
• 자금: 전문 수수료, 건설비용 및 (시간과 관련된) 차입 비용을 포함한 프로젝트의 각 구성요소의 비용
• 리스크: 다른 요인들을 예상하고 원하는 대로 진행될 것이 얼마나 확실한지에 대한 정도

이 요소들 사이에는 많은 상호 작용 또는 상호 관계가 있습니다. 예를 들어, 건축주가 예산에서 더 많은 기술과 '여유 있는 큰' 예산(예상치 못한 부분을 충당하기 위한 여유 자금)을 가진 시공자를 고용할 경우, 건축주의 비용은 더 많이 들겠지만, 품질은 더 높고 일정은 더 만족될 가능성이 더 큽니다. 즉, 더 높은 시공 품질, 더 나은 결과 예측 가능성, 그리고 더 낮은 리스크와 맞바꿀 수 있는 것이지요.

프로젝트 수행 방식을 건축주에게 권장하기 전에 네 가지 변수 각각에 대한 각 방법의 의미와 특정 건축주와 프로젝트에 대한 중요도 위계를 파악하는 것이 중요합니다. 건축주는 논의 중인 프로젝트의 중요도를 명시해야 합니다. 건축주는 모든 요소를 동등하게 평가할 수 없습니다. 왜냐하면 그것들이 결코 실제로 같지 않기 때문입니다. 일부 건축주는 위험을 회피하며 최종 결과를 더 확실하게 달성하기 위해서 추가적인 시간 또는 비용을 기꺼이 지출할 수 있습니다. 일부는 최상의 품질을 가지고 있어야 하며 비용에 덜 민감해합니다. 반면, 다른 기업들은 비용에 매우 민감하며, 초과해서는 안 되는 고정 예산을 가지고 있습니다(저의 첫 번째 집 프로젝트는 삼촌을 위한 것이었습니다. 친척들에게 신의 가호가 있기를. 삼촌 집을 짓는 데 2만 달러가 있다고 말했습니다. 당시는 1960년대였습니다. 저는 작고 단순한 집을 설계했고, 삼촌은 지역의 좋은 시공자를 고용했습니다. 삼촌은 "2만 달러면 얼마나 지을 수 있겠느냐?"라고 물었습니다. 그는 기초, 골조, 지붕, 사이딩 외벽 마감, 창문, 문, 전기 및 배관 시스템을 시공하였으며, 그 후 몇 년 동안에 걸쳐 스스로 그 일을 마무리했습니다. 이는 주유소에 가서 단순히 기름을 "채워달라"라고 말하기보다는 "20달러어치를 넣어달라"라고 말하는 것과 같습니다).

건축주의 가치와 요구사항에 대한 솔직한 논의가 가장 적절한 프로젝트 수행 시스템으로 이어질 것입니다.

Construction Management
건설사업관리

건설사업관리는 설계-입찰-시공 방식의 대안 중 하나입니다. 건설사업관리 과정에는 여전히 3자가 포함되지만, 역할과 책임, 리스크에 있서 다소 차이가 있습니다. 가장 간단한 형태로, 건축주는 예산, 일정 및 시공 가능성에 대한 조언을 얻기 위해 프로젝트 초기에 건설사업관리자Construction Manager, CM를 고용합니다. 좋은 CM은 이러한 문제에 대한 상세하고 최신 정보를 제공합니다. 건축사가 실시설계도서를 완성하면, CM은 각종 하도급업체에 입찰 패키지를 배포하고 입찰액을 평준화 프로세스(5장에서 설명)를 통해, 건축주가 여기서 시공자로 활동하는 건설업체와 직접 계약을 체결하도록 준비합니다(그림 4.3 참조). CM은 건설공사 계약의 직접적인 당사자가 아닙니다(대조적으로 종합건설업자General Contractor, GC는 건설공사를 위해 건축주와 직접 계약을 체결합니다. GC는 건설공사를 구성하는 각종 시공 일에 대해서 하도급자와 별도의 계약을 체결합니다). 순수CMpure CM은 건축주와 단독으로 계약을 맺는 경우로서, 하도급자와 계약을 체결하지 않습니다. 즉, 순수CM은 하도급자와 계약관계에 있지 않습니다.

　　　　　　　　　　　　　　　　Project Delivery Methods

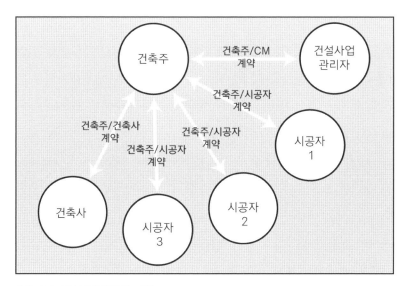

4.3 순수 건설사업관리자 계약

CM은 건설 기간 내내 공사감독 및 관리 서비스를 제공하며, 일반적으로 고정비용fixed fee 방식 또는 적은 고정비용에 실비정산 비용을 더한 비용fixed fee plus reimbursable expense을 대가로 받습니다. 이를 통해 매우 낮은 경제적 리스크로 전문적인 서비스를 제공하며, 여기에는 CM 회사에서 파견된 현장에 상주하는 직원(감독관 및 건설인력)이 포함될 수 있습니다.

때로는 다양한 작업을 하도급자에 입찰한 후에, 순수CM이 아닌 경우, CM-대리인agent for the owner이 선정된 하도급자와 계약을 체결합니다. CM은 또한 중간설계 단계가 끝날 때 또는 실시설계 문서가 완료된 후에, 건축주에게 모든 시공비용에 대한 보장된 최대 가격(최대보장공사비Guaranteed Maximum Price, GMP)을 제공하여 건축주의 비용 초과에 대한 노출을 제한할 수 있습니다. 순수CM과 대조적으로, 대리인CM은 어느 정도의 리스크를 부담합니다. GMP가 있을 때, 건축주는 GMP보다 낮은 최종 비용으로 인한 절감액을 CM과 공유할 수 있으며, 따라서 프로젝트를 GMP보다 낮추기 위해 CM의 인센티브를 증가시킬 수 있습니다(GMP와 최종 비용 간의 차이는 때때로 절감액saving이라고도 합니다).

공사 기간이 중요한 요소로 작용할 때, 건축주들은 건설사업관리를 유리한 프로젝트 수행 방식으로 봅니다. 왜냐하면, 실내실시도면 등 다른 모든 서류가 완성되기 전에 굴착 및 기초작업, 구조물 시공 등 초기에 필요한 공사를 먼저 시작할 수 있기 때문입니다. 이는 해당 프로젝트를 패스트트랙fast-track 형태로 공사 진행을 가능하게 합니다. 패스트트랙 프로젝트에서는 추가적인 책임, 복잡성, 건축사의 서비스가 포함되므로 더 많은 수수료가 요구됩니다.

CM 공정은 초기 시공 전문성과 입찰 리스크 감소가 요구되는 매우 크고 복잡한 프로젝트에 유리합니다.

Design-Build
설계시공일괄

다른 일반적인 대안 프로젝트 수행 방식은 세 당사자 중 두 당사자를 하나로 결합하여, 본질적으로 당사자를 세 개가 아닌 두 개로 줄이는 것입니다. 설계시공일괄design-build의 경우, 가장 순수한 형태로, 건축주는 합의된 금액을 위해 프로젝트를 설계하고 시공하는 하나의 회사를 고용하게 됩니다(그림 4.4 참조). 최근까지, 이 방식은 공장이나 창고와 같은 간단한 건물과 몇몇 종류의

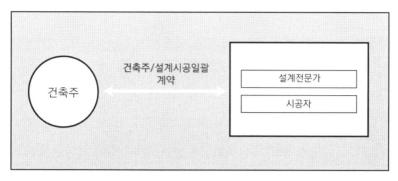

4.4 설계시공일괄 계약

주택에 가장 흔하게 사용됐습니다. 이제는 몇몇 주요 정부 프로젝트를 포함하여, 더 복잡한 건물들로 인해 일부 건축주들로부터 인기를 얻고 있습니다. 건축주는 자신의 요구사항을 명확히 정의하고, 건물의 크기, 품질, 구성 및 일광, 환경 쾌적 수준 및 에너지 소비와 관련된 성능 요구사항을 포함하여 건물에 대한 매우 상세한 요구사항을 만들 수 있어야 합니다. 설계시공일괄 기업은 이러한 요구사항을 충족하는 건물을 미리 결정된 공사금액과 합의된 일정에 따라 시공하기로 약속합니다. 설계시공일괄은 건축사가 예산을 초과하는 설계안을 만드는 것을 방지하고, 건축주의 경제적 리스크를 줄일 수 있지만, 건축주의 이익을 대변하기 위해 시공 과정과 품질을 독립적으로 모니터링하는 건축사의 역할이 사라지게 됩니다. 또한 수행 기준이 단순히 원래의 요구사항을 충족시키는 것에 불과하므로, 건축주가 만족스러운 설계를 얻기가 더 어려울 수 있습니다.

순수한 설계시공일괄의 변형된 형태는 브릿지 설계시공일괄bridge design-build입니다. 여기서 건축주는 계획설계를 수행하기 위해(혹은 심지어 중간설계까지) '설계' 업무 위주의 건축사를 고용하고, 설계 문서는 변형된 설계시공일괄을 담당하는 회사에 주어집니다. 이 회사는 예산과 일정을 준비하고 실시도면과 시방서(또는 '기술 문서')를 생산합니다. 이는 마치 제작업체가 제작도면을 준비하는 것과 같습니다. 디자인을 담당하는 건축사는 설계 의도를 준수하고, 건축주의 이익을 보호하기 위해 기술 도면과 구조를 검토합니다. 이 방법은 다양한 지역 전통이나 문화적 가치가 합의를 뒷받침하는 유럽과 일본에서 일반적입니다.

순수 설계시공일괄 방식에서는 디자이너와 시공자 사이의 관계, 즉 누가 누구를 위해 일하는지가 중요합니다. 만약에 설계가 주된 경우, 결합성bondability의 문제(5장과 8장 참조)와 설계 파트너의 책임 문제가 있을 수 있습니다. 만약에 계약이 주가 되는 경우, 건축사 면허와 전문책임보험에 대한 쟁점이 있을 수 있습니다. 따라서 계약 당사자가 주가 되는 것이 더 일반적이고 보수적입니다. 건축사는 설계시공일괄계약을 체결하기 전에 변호사 및 보험회사와 상의해야 합니다.

Other Methods
기타 방법들

직영시공owner-builders 방식은 건축주(일반적으로 개발업자)가 시공자이기도 한 또 다른 프로젝트 수행 방식입니다. 즉, 직영시공은 종합건설업자, 하도급자를 고용하고 작업을 관리 감독하거나 GC 역할을 하면서 건축주 자신의 '힘'으로 프로젝트를 시공합니다. 직영시공은 일반적으로 설계 및 실시설계단계에서 건축사를 고용하고 입찰/협상 및 사후설계관리업무를 직접 수행합니다.

직영시공은 종종 명확한 설계 아이디어와 시방서를 가지고 있으며, 그들의 건축사는 창조적이거나 관리하는 역할보다는, 기술적이고 도면제작과 같은 서비스를 제공합니다.

프로젝트 수행 방식에서 가장 희귀한 혼합된 형태(일반적인 이름조차 없는)는 건축주-디자이너owner-designer 방식이라고 불릴 수 있습니다. 여기서 디자이너는 또한 건축주입니다. 멋진 아트리움 로비가 있는 호텔들을 설계하고 소유하거나 공동으로 소유하였던 건축가 존 포트만John Portman[2]이 아마도 가장 잘 알려진 사례일 것입니다.

많은 건축사는 투기적 기반('투기적')으로 집을 짓는 부업을 가지고 있습니다. 그들은 건축주, 건축사, 그리고 시공자의 역할을 합니다. 이것을 시도해 본 결과, 저는 그렇게 한 번에 여러 역할을 하는 것에 대한 위험성과 보상을 증명할 수 있었습니다.

건설은 매우 복잡한 노력의 결과물이며 재정적으로나 법률적으로나 많은 사람과 리스크를 수반합니다. 건설과 개발을 통해 큰 돈을 벌었기 때문에 (건축에 대해서는 들어본 적이 없지만) 상당한 보상이 있을 수 있습니다. 현상 이탈을 막을 수 있는 리스크 요소에도 불구하고, 프로젝트 수행 방법의 창의적이고 새로운 아이디어들은 건설업에 큰 잠재력을 제공합니다. 이 산업은 사실상 미국 경제의 다른 모든 부문에 비해 매우 오래되었고 개선이 절실합니다. 결론 부분에서 저는 건축사들이 이러한 변화를 이끌 수 있는 몇 가지 방법을 개략적으로 제시합니다.

[1]   원서에는 architect으로 기술되었으나, 저자의 책에 나오는 것처럼 design professionals, 즉 설계전문가 그룹으로 해야 옳다. 설계전문가는 건축사 및 각종 엔지니어를 포함하며, 공통으로 입찰을 위한 각종 설계 도면과 시방서를 작성한다.

[2]   존 포트만(John Portman, 1924~2017)은 애틀랜타를 대표하는 건축가이자 개발업자로서 왕성한 활동을 전개하였다. 대표작으로는 1967년에 개장한 하얏트 리젠시 애틀랜타 호텔 등이 있다.

건축주/건축사 계약서 및 건축사의 서비스

Owner/Architect Agreements and Architects' Services

건축주/건축사 계약서 및 건축사의 서비스

Owner/Architect Agreements and Architects' Services

이 장에서는 건축주/건축사 계약의 다양한 형식과 건축사가 건축주에게 제공하는 서비스 단계를 다룹니다. 건축사 서비스에 대한 대가는 6장에서 논의되며, 건축주–건축사 계약의 비즈니스 용어는 7장에서 다루도록 하겠습니다. 전체적으로, 논의의 기준은 규범적인 설계–입찰–시공 과정에 의해 수행되는 매우 일반적인 프로젝트를 대상으로 하며, 저는 다양한 변형된 형태들을 이와 대조해서 살펴보고자 합니다.

Agreements
계약서

일반적인 이슈 General Issues

전문적인 서비스를 제공하기 위해 건축주와 건축사 사이의 올바른 계약에 도달하는 것은 해당 직업의 가장 중요한 비즈니스 영역입니다.

계약은 당사자들의 의사소통을 돕고 기대치와 역할을 명확히 하는 데 유용한 도구입니다. 많은 건축사와 건축주가 설계 대가에 중점을 두고 있지만, 제공되는 서비스의 범위와 각 당사자의 책임에 관한 다른 조건은 대개 프로젝트의 성공과 관계에 더 큰 영향을 미칩니다. 계약의 모든 부분은 놀랍게도 상호 연관되어 있습니다.

계약은 근본적으로 법으로 집행될 수 있는 약속입니다. 계약이 법적 효력을 갖기 위해서는 상호 동의가 이루어져야 합니다. 두 명 이상의 당사자가 어떤 것에 동의해야 하는데, 보통 한 당사자가 제안하고 다른 당사자가 그 제안을 받아들이는 결과입니다. 계약은 가치 있는 것을 교환하는 거래입니다. 제안하고 수락하는 당사자들은 각자 법적 자격이 있어야 합니다. 그들은 이를 수행할 적절한 나이를 가지고 건전한 정신 능력, 그리고 계약을 체결할 권한을 가져야 합니다. 건축주/건축사 계약에서 자격증을 가진 건축가, 즉 건축사licensed architect가 전문적인 서비스를 제공해야 합니다. 자격증이 없이 실무를 진행하는 것은 건축설계비가 무효화되는 사유가 될 수 있습니다! 따라서 제공되는 건축 서비스는 법적으로 허용되어야 하며, 각종 법령이나 일반 법에 위반되지 않아야 합니다.

계약 협상Negotiating the Agreement

보통 건축사가 미리 선정된 후에 계약에 관한 협상이 이루어집니다. 저는 계약이 체결되기 전까지는 어떤 선택도 최종적인 것이 아니기 때문에 '예비적으로'라고 말합니다. 대부분의 사람들이 다른 많은 전문가로부터 서비스를 얻는 방식은 아니지만, 관습적으로 건축실무에서는 서면 합의가 있어야 한다고 명시합니다(병원에서 진료를 보기 전에 의사와 계약서에 서명한 적이 있던가요?). 건축실무에서는 확실히 규범에 해당합니다.

많은 건축사, 특히 젊은 건축사들은 일자리를 잃을까 봐 그들의 잠재적인 고객들과 단호하게 협상하기를 주저합니다. 그러나 이러한 주저함이 오히려 역효과를 가져올 수 있습니다. 현명하고 공정하며 단호하게 협상함으로써 자신의 능력을 보여줄 수 있습니다. 고객들은 협상하는 동안 "시공자와 일할 때 이 건축사는 나의 재산을 어떻게 보호할 것인가?"라고 궁금해합니다. 건축주/건축사 계약 협상 시 지나치게 순종적으로 임하면 프로젝트를 잃을 수도 있습니다. 명심하십시오. 목표는 프로젝트 중에 발생할 수 있는 모든 상황에 대해 양측으로부터 공정한 계약을 성사하는 것입니다.

계약서 양식 Forms of Agreement

프로젝트의 규모에 따라 계약서는 구두로 작성되거나(이는 좋은 생각은 아닙니다, 왜냐하면 기억이라는 것은 자신의 이익에 맞추어 편향되거나, 온전하지 않은 경향이 있으므로), 간단한 편지로 작성되거나(주기적으로 프로젝트를 수행하는 건축주를 위해), 여러 장으로 구성된 복잡한 문서 또는 표준 양식으로 작성될 수 있습니다. 표준 AIA 계약서는 유용하고 몇 가지 주요 장점이 있습니다. 이는 대략 10년마다 수정되고 보완되므로, 최신의 규범과 경향 그리고 법적인 문제들을 반영할 수 있습니다. 이는 한 세기 이상 사용되었고, 사법기관을 거쳤으며, 대부분의 주 정부의 요구사항을 준수합니다. 이는 건설 과정에서 사용된 다른 AIA 계약, 특히 건축주와 시공자 간의 계약(8장에서 논의)과 일치하므로, 주요 당사자 간의 모든 책임, 권리 및 구제책(건축주, 건축사, 시공자)은 세 당사자를 구속하는 두 개의 다른 계약에서 일관되게 이루어집니다. 건축주와 건축사 간의 AIA B101(이전에는 AIA B141) 계약이 가장 일반적으로 사용되며, 이는 대부분의 다른 계약의 기초가 됩니다. AIA 계약 양식은 특정 프로젝트의 세부 사항을 포함하도록 수정될 수 있습니다. 이 양식은 지역 AIA 지부를 통해 또는 워싱턴 D.C.의 AIA에서 소정의 비용으로 구입이 가능합니다. 또한 AIA의 홈페이지에서 라이선스가 요구되는 편집 가능한 전자문서로도 구입할 수 있습니다. AIA 계약서의 조항, 조건 및 서비스 범위 조항은 직업의 '일반적인 거래 및 관행'에 기반하고 있으므로 건축사가 합리적으로(하지 말아야 하는 일) 해야 하는 일과 관련하여 일치합니다. AIA 계약서에는 AIA 이름과 로고가 있어 건축사에게 유리할 수 있다는 인상을 주지만, 건축사뿐만 아니라 시공자 및 건축주 그룹의 대표들도 함께 작성하고 수정하여 전반적으로 공평하게 작성되었습니다.

AIA 양식에 대한 대안은 무엇이 있을까요? 소규모 프로젝트에서는, 특히 기타 조건과 문제 해결 방법에 대한 표준 계약을 참조하는 경우, 종종 간단한 서신 형태의 계약으로 충분할 수 있습니다. 좀 더 복잡한 프로젝트의 경우에는, 완전히 맞춤형으로 작성된 문서가 사용될 수 있습니다. 제가 아는 건축사 대부분은 위에서 설명한 기준을 성공적으로 충족시키는 데 시간과 노력을 들이는 것을 좋아하지 않습니다. 따라서 건축사들은 맞춤형 계약서 작성에 도움을 받기 위해 종종 건축 전문 변호사(또는 일반 실무가 아닌 부동산)에게 의존합니다.

마지막으로, 그리고 종종 보다 위험한, 고객 맞춤 계약서가 사용될 때는, 그것은 고객의 표준 양식일 가능성이 가장 큽니다. 정부, 대학, 기업 등 많은 대기업 고객은 자체적인 계약서 양식을 활용하고 있습니다. 이러한 양식은 모든 당사자에게 AIA의 양식만큼 공평하지 않은 경향이 있는데, 물론 이것이 바로 건축주들이 자체적인 계약서 양식을 사용하는 이유이기도 합니다. (저는 한때 모든 당사자가 건축주와 건축사 또는 건축주와 시공자 사이에 의견 충돌이 있을 때마다 모든 당사자가 사전에 동의하면 건축주가 옳다는 결론을 사실상 규정한 대규모 도시-기관 협약을 검토한 적이 있습니다. 뭐라고요? 그게 공평하지 않다고 생각하시나요?) 일반적으로 건축주는 이러한 양식을 사용할지 또는 사용하지 않을지 선택할 수 있습니다. 건축사의 기술과 전문지식이 얼마나 독특하고 필요한지에 따라 건축사가 가장 곤란하다고 생각하는 주제에 대해 협상의 여지가 있을 수 있습니다. 건축사가 프로젝트를 얼마나 원하는지, 건축사가 기꺼이 감수할 수 있는 추가작업 또는 커지는 책임의 수준은 약관을 수락할지 여부를 결정하는 또 다른 요인이 됩니다. 이는 또한 추가작업 또는 리스크 문제에 대해 대가 조정 여부에 영향을 미칩니다.

건축주가 흔치 않은 특별한 조건을 요구할 때, 건축사는 제안된 조건을 전문인책임보험회사professional liability insurance company에 제시해야 합니다(10장 참조). 특별 조항은 건축사의 프로젝트에 대한 보험을 무효로 만들 수 있는데, 이는 건축주 대부분이 의도하지 않았고 원하지 않는 결과입니다. 따라서 건축법규에 정통한 건축사의 변호사가 건축주가 제시한 비표준 계약서를 항상 검토해야 합니다.

서비스

일반적인 이슈 General Issues

건축사는 건축주에게 다양한 전문 서비스를 제공할 수 있습니다. 비록 때때로 프로젝트 초기에는 필요한 구체적인 서비스에 대해서 알 수 없지만, 건축사와 건축주는 제공될 서비스와 그러한 서비스에 대해 건축주가 지급해야 할 대가를 가능한 한 논의하고 합의해야 합니다. 각 프로젝트의 약관은 다양하며 사전에 협의하고 서면 계약서에 명확히 명시해야 합니다.

이 장의 나머지 부분에서 단계별로 자세히 논의되는 건축사의 서비스는 처음에는 건축주를 위한 전문 조언자로서 프로젝트를 관리하고 감독하는 모든 단계에서 제공되는 건축사의 일반 서비스 general services 의 전반적인 측면에서 설명됩니다. 건축사는 모든 작업 단계에서 건축주의 이익과 지역사회 및 사회의 공익을 항상 염두하며 다음과 같은 일을 수행합니다.

- 프로젝트 관리
- 정기적인 건축주 컨설팅
- 이슈 조사
- 설계, 재료, 시스템, 장비에 관한 대안 고려
- 가치공학(모든 건설비용을 최대한 활용하는 방법) 제공
- 회의 참석
- 발표하기

- 보고서 작성
- 프로젝트 일정 및 예산 준비 및 업데이트
- 건축주와 다른 모든 당사자에게 충분한 정보 제공
- 승인을 위한 설계도면 및 문서를 건축주에게 제출
- 모든 정부 및 규제 신고에서 건축주 지원

의사소통의 중요성은 아무리 강조해도 지나치지 않습니다. 또한 전문적인 조언을 하는 것은 건축사의 역할이지만, 건축사의 조언을 받은 후 사업 결정을 내리는 것은 건축주의 역할입니다.

정상적인 건축주/건축사 계약에서 건축주의 책임은 건축사에게 프로젝트에 대한 건축주의 요구사항, 자원, 매개변수 및 목표를 명확하고 완전하게 진술하는 프로그램program을 제공하고 모든 부지 정보를 제공하는 것을 포함합니다. 부지 정보site information에는 현장 조사, 지형 및 유틸리티[1] 정보, 지질학적 데이터 및 그렇지 않으면 허용될 수 있는 용도나 설계를 제한하는 지역권easement 또는 기타 장애물과 같은 현장 고유의 법적 제한사항이 포함될 수 있습니다. 때때로 건축사는 필요한 정보를 구체적으로 요청해야 하며, 측량이나 기타 데이터에 대한 시방서를 작성하고, 적절한 전문가에게 그러한 데이터를 제공하도록 주선해야 할 수 있습니다. 그럼에도, 그 데이터는 건축주가 계약에 의해(그리고 일반적인 관행으로) 제공하며 건축사는 해당 데이터의 완전성과 정확성에 의존할 권리가 있습니다.

프로젝트가 순조롭게 진행되기 위해서는 다른 건축주의 의무owner's obligations도 충족되어야 합니다. 건축주는 건축사의 질문에 적절한 때에 답을 제공하고 그들이 내린 결정을 고수해야 합니다.

건축주는 계약에 명시된 대로 전문 서비스 및 상환 가능한 비용을 지급해야 합니다. 건축주가 이러한 의무를 이행하지 않을 경우, 프로젝트는 건축주의 일정이나 예산을 충족하지 못하게 되며, 건축사는 추가 적인 보상을 받을 수 있습니다.

일단 합의가 이루어지면 건축사의 첫 번째 임무는 제안된 프로그램, 예산, 일정, 현장, 건설 용역 계약 방법을 평가하여 모든 것이 서로 잘 맞고 현실적인지 확인하는 것입니다. 경험과 훌륭한 판단력이 순전히 낙관적인 생각보다 우선되어야 합니다. 만약 일정이 너무 짧거나 필요한 작업 범위에 비해 예산이 너무 낮다면(예산이 너무 많다는 말은 거의 들어본 적이 없지요), 설계 작업이 시작되기 전에 건축주에게 알리고 함께 해결해야 합니다.

다음으로 건축사는 프로젝트를 위해 팀을 구성하며, 적절한 컨설턴트를 선정하고, 서비스에 대한 대가를 협상하고, 건축주와 제안된 컨설턴트 목록(예: 구조 엔지니어, 기계·전기·배관·스프링클러 엔지니어, 음향 컨설턴트)을 검토합니다. 건축주가 불신하거나 다른 프로젝트에서 소송 중인 컨설턴트를 고용하는 것은 의미가 없습니다. 컨설턴트에게 건축주와의 계약 조건을 보여주기를 바랍니다. 컨설턴트는 동일한 조건에 구속되어야 합니다. 모든 컨설턴트와 함께 프로젝트의 목표, 범위, 예산 및 일정을 검토합니다. 전문인배상책임보험 적용 범위를 검토합니다. 컨설턴트와 계약을 체결합니다.

대부분 건축사/건축주 계약에서 현재 표준 서비스standard services(이전에는 기본 서비스basic services라고 불림)로 정의되는 것을 5단계로 구성합니다. 건축주가 추가적인 대가를 지급해야 하는 서비스 변경changes in services(이전에는 부가 서비스additional services라고 불림), 즉 표준 서비스 외에 건축사가 수행할 수 있는 서비스와 보상에 대해 논의할 때 이러한 사항을 반드시 고려해야 합니다(이 부분에서 여러분의 주목을 받았나요? 설계비에 대한 자세한 내용은 6장을 참조 바랍니다). 위에서 설명한 일반적인 서비스는 서비스의 5단계 각각에 적용되며, 여기에는 계획설계schematic design, 중간설계design development, 실시설계construction documents의 세 가지 단계가 포함됩니다. 이러한 단계는 전통적으로 명확하게 구분되었으며, 오늘날에는 CAD, BIM 및 대체 프로젝트 수행 방법을 사용하여 경계가 다소 모호해졌습니다. 이 세 가지 단계는 이제 분리되기보다는 더 진화되는 경향이 있습니다. 또한 에너지성능 진단, 지속가능한 설계 고려사항, 보안 설계 및 실내 공기질과 같은 건축사가 제공할 수 있는 새로운 서비스는 모든 단계에서 다루어져야 합니다.

계획설계Schematic Design

계획설계의 목적은 건축주와 부지에 대한 모든 정보를 모든 사안에 대응하고 모든 요구사항을 충족하며 멋진 건물로 다듬을 수 있는 공간의 배열로 종합하는 접근법, 아이디어, 파르티[2]를 개발하는 것입니다. 간단하죠?

당신은 서명이 이루어진 계약서를 가지고 있으며, 건축주의 프로그램을 이해하고 있습니다. 건축주와 긴 시간 동안 대화를 나누었으며, 건축주와 관련이 있다고 생각하는 모든 관련 그룹 또는 하위 그룹 사람들과 대화를 나누었습니다. 공간과 인접한 공간에 대한 구체적인 요구사항뿐만 아니라 건축주의 목표와 포부(명시적이든 암묵적이든)뿐만 아니라 허용되는 일정과 예산에 대해서도 알고 있습니다. 건축주 및 프로젝트 유형에 대한 독자적인 정보 수집과 프로젝트 유형의 사례를 포함하는 사전 조사를 수행했습니다(나쁜 예는 좋은 예만큼이나 빛을 발휘할 수 있습니다). 부지의 법적 제약 조건(지역권 등 부지별 및 조닝별 제약조건과 관할권이 있는 기타 정부 기관의 요구사항과 같은 일반적인 제약조건)을 알고 있습니다. 경계, 지형, 유틸리티 및 기타 중요한 부지의 특징을 보여주는 측량도, 부지 및 주변 부지의 역사 및 향후 계획, 기후, 일조 및 주변 사이트에 대한 데이터, 온라인 또는 드론에서 촬영한 항공 뷰와(프로젝트가 기존 건물에 대한 증축 또는 리노베이션인 경우) 실측 도면이 있습니다. 여러분은 부지를 돌아다니며 부지의 하루 중 다른 시간대의 각 장단점에 대해서 알고 있습니다. 여러분은 부지의 특징과 잠재력을 이해합니다. 홍수, 지진, 산불, 토네이도 및 허리케인과 같은 자연재해가 일어날 가능성을 확인했습니다. 마지막으로, 여러분은 지역적으로 이용 가능한 건설인력의 잠재력과 한계를 알고 있습니다.

이제 여러분은 많은 정보와 속담에 나오는 '비어 있는 페이지'를 가지고 있습니다. 어떻게 시작할까요? 이 순간은 흥분되고 동시에 무섭기도 합니다. 대부분 건축사는 두려움을 줄이고, 해결책으로 이끄는 개인적인 전략을 점진적으로 개발합니다.

적절한 프로세스 또는 전략은 각 건축사의 개인(또는 기업) 작업 방법에 가장 적합한 것뿐만 아니라 프로젝트의 규모 및 유형과 관련이 있습니다. 비교적 작은 규모의 주택의 경우 보다 직관적이고 주관적인 접근법으로 설계할 수 있습니다. 반면 크고 복잡한 건물은, 보다 조직적이고 분석적인 접근법이 요구됩니다. 이러한 초기 단계의 설계는 프로젝트 구성 요소의 규모와 관계, 즉 부지에 상대적인 건물의 계획,

태양 방향 및 전망 등을 보여줍니다.

　직관적으로 시작하는 방법으로서, 일부 건축사들은 단순 평면 및 3차원 스케치로 시작하며, 이렇게 스케치한 아이디어를 평면, 단면 및 매스로 천천히 만들어갑니다(한때 저는 한 건축사와 사무실을 공유한 적이 있는데 그는 실제로 커다란 모델링 점토 덩어리로 시작하여 자신의 예술적 감성을 만족시키는 모양을 찾을 때까지 여러 가지 형태로 만드는 작업을 하였습니다). 보다 객관적으로 접근하는 건축사들은 건축후퇴선, 시야, 태양의 각도, 바람, 부지로의 접근, 법으로 규정된 '건축규제선'의 관점에서 부지를 그래픽으로 정의하며, 이러한 레이어를 종종 개인적인 다이어그램 스타일로 배치 계획으로 구축합니다. 그들은 먼저 프로그램 정보를 정확한 크기의 블록에 넣은 다음, 평면으로 표현하기 시작할 때까지 가장 최적으로 인접 요건을 충족하도록 블록을 배열하고 재배열합니다. 그런 다음 이를 배치도에 삽입하고 부지의 매개변수에 맞게 조정하여 건축주의 요구와 부지의 잠재력 및 제한사항과 완전히 연관된 평면을 개발합니다.

　여러분과 특정 프로젝트에 적합한 방법이 무엇이든 간에, 다음 단계는 이를 건축주에게 제시하는 것입니다. 이를 위한 많은 방법이 있습니다. 일부 건축사들은 건축주에게 최종 도면과 아마도 모형이 있는 완전히 발전된 계획설계를 보여주고자 하며, 어떻게 개발했는지 그리고 그 계획설계의 이점이 무엇인지 설명합니다. 다른 건축사들은 고객이 평면의 발전과정에 좀 더 참여하게 하고, 평면개발 각 단계에서 고객에게 몇 가지 대안적 접근방식을 보여주고, 각각의 변형에 대한 장단점을 논의하여, 고객의 피드백을 얻고 이를 프로세스에 통합하고, 계획 및 설계 단계를 함께 마무리하는 것을 더 편안하게 생각합니다.

이를 통해 건축주가 설계과정에 참여했다는 것을 알 수 있습니다. 문제를 해결할 수 있는 유일한 방법은 거의 없으며, 종종 고객을 통해서 설계안을 가장 좋고 적합한 방향으로 좁히는 것이 매우 유용합니다.

어떤 방법도 옳고 그름이 없습니다. 각각에는 장단점이 존재합니다. 궁극적으로 건축사, 건축주 및 프로젝트의 특정 조합을 위한 가장 적합한 선택은 공감대, 이력 및 개인적인 스타일에 달려 있습니다. 저는 협력적인 과정을 선호하는데, 건축주가 자신이 계획을 형성하는 데 도움을 준 계획안과 프로그램의 미묘한 차이와 의미에 대한 지식에서 오는 이익이 되는 계획안을 더 긍정적으로 생각하기 때문입니다(여러분보다는 건축주가 이러한 조정을 거치게 하는 것이 더 낫습니다).

건축주를 위해 프레젠테이션을 준비할 때, 중심 목표는 고객이 여러분의 개념을 완전히 이해할 수 있도록 여러분의 아이디어를 전달하는 것임을 기억하시기 바랍니다. 내가 왜 이런 말을 해야 하는지? 때때로 건축사들은 프레젠테이션을 통해 고객에게 얼마나 영리한지 보여주는 기회로 보고(아마도, 그 의미는 고객보다 얼마나 더 영리한지 —아마도 사실이 아니며, 어떤 경우에도 무의미할 것입니다) 그들의 아이디어를 설명하기보다는 숨기는 효과를 내는 까다로운 프레젠테이션을 고안합니다. 일부 교육을 받은 건축주는 건축사만큼 도면을 읽을 수 있지만, 대부분은 도면을 제대로 읽을 수 없습니다. 평면, 입면, 단면은 추상화되어 있으며, 반드시 배워야 알 수 있는 언어입니다. 비록 어떤 사람들은 다른 사람들보다 빨리 그것을 이해하지만, 아무도 그것을 알고서 태어나지 않습니다. 대부분의 사람들은 투시도를 이해하기가 더 쉽습니다. 여러분의 건축주는 매우 똑똑할 수 있지만 (기억하세요. 그들이 여러분을 고용했습니다), 여러분의 도면은 그들에게 여전히 낯선 영역입니다.

저는 악보를 보고, 그것이 나타내는 소리를 듣고, 그것이 좋게 들릴지 아닌지를 아는 지휘자를 알고 있습니다. 반면에 저에게 악보는 수평선과 꼬리가 있는 점들의 멋진 그래픽 상호작용일 뿐입니다. 저는 한때 제가 주택을 설계했던 건축주와 같습니다. 그는 설계에 매우 만족한 듯 보였으며, 계약서에 서명할 때 그는 공사가 시작되기를 기다릴 수 없을 정도로 기대한다고 말했습니다. 하지만 그는 한 가지 의구심을 표현했습니다. 자신이 온 집안에 그렇게 많은 둥근 것들을 좋아할지 확신하지 못했습니다. 저는 그가 말하는 것이 바로 문이 열리고 닫히는 도면 표기법인 것을 알기 전까지 당황스러웠지만, 그가 우리가 몇 달 동안 보여준 집이 실제로 어떤 모습인지 전혀 알지 못했다는 것을 깨달았습니다(결말은 행복하게 해결되었습니다. 그는 가족과 함께 그곳에서 20년 넘게 살았으며, 모든 방에 둥근 것들을 많이 가지고 있다는 것을 놓치지 않았습니다).

만약 당신의 건축주가 당신이 보여주는 도면을 이해하지 못한다면, 당신은 의사소통을 성공적으로 하지 못하고 있으며 당신의 일을 제대로 하지 못하고 있는 것입니다. 그리고 기대와 현실 사이에 차이가 있을 때, 그것은 보통 문제를 초래합니다.

당신의 계획설계 작업은 항상 고객에게 제시하는 것보다 한 단계 앞서야 합니다. 즉, 고객에게 1/8" = 1'-0"의 체계를 보여준다면 1/4" 축척으로 해결되었는지 미리 확인해야 합니다. 이렇게 하면 앞으로 진행하면서 더 자세히 해결할 수 없는 문제를 미리 '판매'하지 않을 수 있기 때문입니다.

여러분이 계획안(또는 여러 계획안, 만약에 여러분이 문제를 해결할 수 있는 여러 방법을 보고 이러한 선택사항에 대한 고객의 지침을 원할 경우)을 보여줄 때, 다시 생각하고 재설계하기 전에 처음 계획에서 부족한 부분에 대해서 건축주로부터 명확한 지침을 얻어야 합니다. 만약 건축주가 "왜 그런지 모르겠지만, 이것은 나에게 맞지 않습니다"라고 말한다면, 여러분은 다음 단계의 노력을 의미 있게 하기 위한 충분한 정보를 가지고 있지 않습니다. 당신은 단지 좌절로 끝날 수 있는 영역을 추측하는 것에 머물러 있습니다. 우리는 건축주에게 큰 계단을 위한 세 가지 설계안을 보여준 적이 있습니다. 건축주는 설계안들이 매우 흥미롭지만, 다른 방법들이 더 있을 것이라고 말했습니다. 물론 다른 방법들도 있었습니다! 하지만 우리는 이미 100개 정도의 안을 시도하고 버렸습니다. 우리는 몇 주 후에 6개의 계단 설계안 가지고 돌아왔습니다. "글쎄요" 그가 말했다. "그것은 당신이 처음에 제시한 세 개 설계안이 최고였다는 것을 증명하는군요!" 이런, 고맙군요. 건축주로 하여금 구체적이고 건설적인 제안을 하도록 하세요. 회의록을 작성하고 배포하여 부족한 점이 무엇이며, 합의된 해결 방법이 무엇인지 기록하시기 바랍니다. 모든 단계에서 미해결된 문제들을 해결하는 것이 중요합니다. 건축주들과 만나는 일정이 없을 때, 당신은 많은 시간을 낭비할 수 있고, 심지어 당신이 받는 큰 설계 대가도 매우 빠르게 사라질 수 있습니다.

계획설계 단계를 완료하려면 다음 세 가지 작업을 더 수행해야 합니다.

1. 작업 범위scope of work라고도 하는 개괄시방서outline specification를 준비하시기 바랍니다. 이 문서에는 수행할 작업의 모든 부분이 나열되어

있으며, 일반적으로 건설시방서협회Construction Specification Institute, CSI 형식(이 장 뒷부분에서 설명됨)으로 표시됩니다. 여기에는 토목공사, 기초공사, 구조물, 마감재, 기계설비 시스템 등이 포함될 수 있습니다. 프로젝트의 규모에 따라 개괄 시방서는 항목별로 몇 페이지에서 수백 페이지가 소요될 수 있습니다. 프로젝트의 구성 요소, 즉 사용하려는 시스템, 재료 등에 대해 서면으로 간략하게 설명해야 합니다. 이 단계에서는 모델 번호나 제작 방법이 필요하지 않고 일반적인 설명만 필요합니다.

2. 작업 시작 시 작성한 프로젝트 일정을 검토하고 변경 사항이 있으면 수정하시기 바랍니다. "계획설계가 원래 계획했던 것보다 훨씬 더 오래 걸려도 괜찮습니다. 다음 단계에서 시간을 보충하겠습니다"라고 약속하는 것을 조심하십시오. 잃어버린 시간은 좀처럼 찾을 수 없습니다. 현실적으로 대응하시기 바랍니다.

3. 가능한 비용에 대한 명세서를 작성하시기 바랍니다. 이는 각 작업 단계에서 준비된 모든 비용 추정치와 마찬가지로 최종 비용에 대한 보장이 아니라 최선의 판단에 따라 프로젝트의 비용이 얼마나 될지에 관한 기술입니다. 이는 지금까지 개발된 정보의 구체성 정도를 기준으로 합니다. 계획설계가 완료되면 단위 비용을 기준으로 이 견적을 작성할 수 있습니다. 예를 들어, 프로젝트는 X평방 피트(또는 건물 유형에 따라 입방피트)이며, 해당 건물 유형의 경우, 해당 장소에서는 품질과 복잡성의 의도된 수준에 따라서 단위당 비용을 Y달러로 추정합니다. 따라서 건설비용은 '면적×단위면적당 Y달러'가 될 것입니다(놀랍게도 많은 사람이 수학을 제외하고는 건축에 종사했을 것이라고 말합니다.

이것은 대부분의 건축사가 하는 가장 어려운 수학에 관한 것입니다). 그런 다음 물가상승escalation에 대한 백분율(시장 인플레이션을 통해 첫 번째 단위 비용 기준 추정 시점과 예상 공사일 사이에 비용이 얼마나 증가할 것으로 예상하는지), 설계 예비비용design contingency 백분율(계획설계와 최종 실시설계 사이에 종종 끼어드는 '개선' 사항), 입찰 예비비용 bidding contingency에 대한 비율 증가(시장의 불확실성), 시공 예비비용construction contingency에 대한 비율 증가(예기치 못한 현장 또는 현장 조건, 작업을 제대로 완료하기 위해 추가해야 하는 부주의한 누락)을 추가합니다. 시공의 경우 건축주가 시작한 변경은 예측할 수 없으며, 이를 계산할 수도 없습니다(건축주가 변경을 하지 않겠다고 약속한다면, 비용이 발생하지 않으므로 문제 될 것이 없습니다).

건축주가 설계, 개괄시방서, 일정 업데이트 및 예상 비용 명세서에 동의하면, "이 계획설계는 서명된 자에 의해 승인이 되었으며, 건축사는 중간설계 단계를 진행할 수 있습니다." 건축주는 서명된 문서(계획설계 도면집, 개괄시방서)를 가지고, 당신도 동시에 서명된 문서를 가지게 됩니다. 이는 표준(또는 기본) 서비스에 대한 질문에 대해 합의된 답변에 해당합니다. 이 단계에서 이것들은 '승인된 도면'에 해당합니다. 이제 여러분은 다음 단계로 진행할 준비가 되었습니다.

중간설계Design Development

중간설계의 목표는 계획설계 단계에서 준비된 설계를 다듬어 프로젝트 시공에 필요한 모든 설계 결정을 고려하고, 필요한 경우 수정하고,

확인하는 것입니다. 이상적인 세계(아쉽게도, 한 번도 찾지 못한 곳)에서는 중간설계가 끝나면 건축주에게 질문할 필요 없이 실시설계도서를 작성할 수 있습니다. 이것은 현실에서 일어나지 않을 수도 있지만, 목표가 되어야 합니다. 중간설계는 건축, 구조, 기계, 전기, 배관 및 스프링클러 등 모든 건물을 구성하는 부분의 복잡한 상호 작용에 초점을 맞추는 단계입니다. 모든 건물 시스템은 컨설턴트에 의해서 설계되고 제공되는 건물의 각 부분의 모든 건축적 의미(기둥 및 보 크기, 덕트 크기, 체이스 크기, 기계실 크기 및 위치 등)를 파악하여 온전히 설계되어야, 건축사는 계속 수정할 필요가 없는 실시설계도서를 만들 수 있습니다. 이러한 수정은 한 번으로 잘 이루어지면 충분하므로, 더 이상 일을 반복하지 않도록 노력하세요! 지금은 또한 조닝 및 건축법규가 프로젝트의 모든 측면에 연관되므로, 설계는 이에 최대한 준수할 수 있도록 검토해야 할 때입니다.

일단 중간설계 결정이 내려지고 정해지면, 여러분은 계획설계에서 했던 것과 같은 세 가지 일을 하게 될 것입니다. 그러나 더 자세히 말하자면, 개괄시방서 작성, 필요한 경우 프로젝트 일정 수정, 가능한 비용 명세서 수정이 필요합니다. 이번에는 예상 비용 명세서는 여러분의 직원이나 외부 비용 컨설턴트(때로는 적산전문가라고도 함) 또는 시공자가 수행한, 보다 상세한 수량 산출take-offs 및 가격을 기반으로 합니다. 외부 컨설턴트가 작성한 명세서를 주의 깊게 검토하시기 바랍니다. 프로젝트에 포함되지도 않은 항목들에 대해서도 정확한 가격을 산정하는 경우가 얼마나 자주 있는지 놀라울 따름입니다. 마지막으로 건축주가 중간설계 도면, 시방서, 일정 및 예산에 서명하도록 하여 다음 실시설계도서 단계로 진행할 수 있도록 합니다.

실시설계 Construction Documents

실시설계도서 준비는 건축사의 업무 중 가장 많은 시간과 노력이 요구되는 단계이며, 설계 대가에서 가장 큰 부분을 차지합니다. 실시설계도서는 두 부분으로 나누어지는데, 실시설계 도면working drawings으로 알려진 시각적인 도면으로 이루어진 부분과 언어 및 텍스트로 이루어진 프로젝트 매뉴얼project manual(가장 흔히들 시방서 specification로 잘못 알려진)로 구성되어 있습니다. 실시설계도서의 목적을 정확하게 이해하는 것이 도움이 됩니다. 그것은 시공자를 위한 방대한 일련의 지시사항처럼 무엇을 시공해야 하는지 명확하고 정확하게 기술하며, 건축주/시공자 계약의 핵심적인 부분이 됩니다. 실시설계도서는 시공자가 건축주에게 제공하는 작업의 범위와 품질을 정확히 명시하고 있습니다. 이러한 문서는 계약문서의 주된 구성 요소이기도 합니다(8장 참조).

실시설계도면

실시설계도면은 방대한 양의 정보를 가능한 한 철저하고 간결하게 전달합니다. 좋은 도면 세트를 준비하려면 경험, 배려, 계획이 필요합니다. 우리 사무실에서는 '카툰(만화)' 세트라고 하는 8-1/2"×11" 크기[3] 종이에 최종 도면에 들어갈 내용, 축척 및 배치를 스케치합니다. 그리고 우리는 도면 작성을 시작하고, 하나씩 완성해 나아갑니다. 종종 시작점은 단순히 초기 단계의 CAD 도면이며, 치수, 주석, 다른 도면에 대한 상호 참조(키)와 같은 정보가 추가됩니다. 일부 회사에서는 BIM 프로그램을 활용하여 일부 또는 모든 프로젝트를 수행합니다.

실시설계도면을 잘 그리는 방법을 배우는 것은 건축사 양성 훈련의 중요한 부분이며 대개 인턴십의 한 부분입니다. 질문을 많이 하시고, 가능한 한 많은 시간을 당신의 사무실에서 이전 프로젝트 중 좋은 도면 세트로 간주되는 도면을 공부하는 데 힘쓰시기를 바랍니다. 책뿐만 아니라 당신의 고용주, 친구, 멘토 또는 선생님에게서 나온 그러한 도면 세트는 귀중한 자료입니다. 훌륭한 건축사는 이러한 기술을 연마하는데, 평생을 바칩니다. 왜냐하면 작업하는 실시설계도면의 품질이 결국 건물의 품질이 되기 때문입니다. 대부분 기업은 (컴퓨터) 파일 항목, 파일 이름 지정, 캐드 레이어 지정, 도면 세트 구성, 치수 지정, 글자 및 그래픽 표준에 대한 일관된 사무실의 고유한 표준을 개발하므로, 프로젝트들 사이에 일관성이 존재하게 됩니다. 따라서, 계속해서 반복하여 이를 만드는 작업이 필요하지 않습니다.

전통적으로 도면의 순서는 건축, 구조, 기계, 전기, 배관, 스프링클러 등 분야별로 정해집니다. 각 분야에서 전통적인 (그리고 예상되는) 순서는 가장 일반적인 것부터 가장 구체적인 것까지 평면도, 입면도, 단면, 상세도로 이루어집니다. 창의적인 방식보다 이 순서를 따르는 것이 왜 유용할까요? 시공자가 익숙한 방식(즉, 전통적인 순서)으로 정보를 쉽게 이해할 수 있도록 하면 입찰가를 낮출 가능성이 커지며, 따라서 당신의 디자인을 최대한 높은 품질로 지을 수 있습니다. 한때 저희 회사 한 젊은 직원이 저에게 1층 건축도면→1층 구조도면→1층 기계공조 도면→2층 건축도면→2층 구조도면 등의 순서로 보여주는 것이 논리적이라고 제안하였습니다. 하지만, 이는 입찰을 준비하는 하도급자로서는 관심 있는 정보를 찾기 매우 힘들게 합니다. 기계공조 하도급자는 구조 작업에 별로 신경을 쓰지 않으며, 하도급자가 도면집에서 5번째[4] 도면마다 기계공조 도면을 찾으려고 노력한다면, 이는 매우 비효율적이고 성가신 일이 될 것입니다. 이는 결국 건축주에게 더 큰 비용이 들게 할 것입니다.

프로젝트 매뉴얼: 앞부분Front End

프로젝트 매뉴얼에는 두 가지 유형의 정보가 포함되어 있으므로, 개념적으로 두 부분으로 나뉩니다. 비공식적으로 앞부분front end이라고 알려진 첫 번째 부분에는 계약의 모든 사업적인 부분과 당사자들 간의 관계 조건을 포함합니다. 표준 설계–입찰–시공 계약서에서는 다음의 11개 항목을 포함할 수 있습니다.

1. 입찰초청장invitation to bid letter은 프로젝트에 대한 입찰을 제출하도록 각 시공자를 초청하고 프로젝트를 일반적인 용어로 설명하며, 입찰 문서 세트 수와 추가 세트를 얻는 방법, 입찰 마감일, 장소 및 입찰이 공개 또는 비공개로 열릴지의 여부, 연락처 정보나 현장 방문 조율과 관련하여 누구에게 문의할 것인지(일반적으로 건축사 사무실에서) 설명합니다. 그리고 입찰 프로세스 또는 프로젝트에 대한 기타 특별한 정보를 명시합니다. 그리고 입찰 프로세스 또는 프로젝트에 대한 기타 특별한 정보를 명시합니다. 공공(정부) 프로젝트에서는 보통 최저가 적합 입찰자에게 계약을 체결하도록 요구합니다. 이것이 요구사항이 아닌 프로젝트에서 입찰초청장에는 건축주가 어떠한 이유로든 입찰을 거부할 수 있음을 명시해야 합니다. 이 조항은 건축주가 최저 입찰자 외에 다른 입찰자를 선택할 수 있도록 허용하는데, 아마도 입찰자가 최저 입찰자보다 약간 높을 뿐이며, 이 입찰자에 대해 약간의 의구심을 가질 수 있습니다. 이 조항은 일부 잠재

적 입찰자들이 입찰 준비에 시간을 들이지 않기로 하게 할 수도 있습니다. 공정하게 바라본다면, 그 과정이 어떻게 될지 모두가 미리 알아야 합니다.

2. 입찰지시서instruction to bidders는 표준 양식(예: AIA A-701 문서) 또는 프로젝트에 맞게 조정된 건축주 또는 건축사의 맞춤형 양식일 수 있습니다. 이 지침은 입찰자에게 모든 계약문서와 작업을 수행할 것으로 예상되는 모든 조건(시장, 부지 등)을 주의 깊게 검토해야 할 의무와 입찰에 따라 계약을 체결해야 할 의무에 대해 알려줍니다.

3. 입찰 양식bid form에는 입찰자가 자신의 이름을 기입할 수 있는 공간, 전체 계약 금액, 각 거래, 일반조건 및 이익에 대한 계약 금액의 내역, 완료된 단가 목록(아래 #7 참조), 각 대안별 가격(아래 #8 참조), 필요한 보증bond 비용, 동원 및 소요 시간 등이 포함되어 있습니다. 작업을 시작하고 작업을 수행할 기간을 지정합니다. 입찰 양식은 계약 회사의 임원에 의해 서명이 되어야 하며, 법인 도장이 찍혀 있어야 합니다.

4. 계약서 양식form of contract은 AIA A-101과 같은 표준 양식이든 맞춤형 양식이든 포함되며, 시공자가 선택되면 나중에 작성되고 서명이 이루어집니다. 여기에는 건축주와 시공자의 이름과 주소, 날짜, 계약 조건 및 계약금액으로 알려진 계약문서의 전체 목록이 포함됩니다.

5. 계약의 일반 조건the general conditions of the contract은 작업 실행을 위한 규칙입니다. AIA A-201은 한 가지 버전을 제공하며, 일부 건축주와 건축사는 자신의 버전을 사용하는 것을 선호합니다. 이

문서는 각 당사자가 해야 할 일을 설명하고, 어떤 당사자가 의무를 이행하지 않을 경우의 구제책을 설명합니다(이 주제는 8~10장에서 자세히 다룹니다. 여기에는 많은 쟁점이 있습니다).

6. 추가조건supplementary conditions(이전에는 터무니없이 긴 명칭인 계약의 일반조건의 추가조건으로 알려져 있었음)은 계약의 일반조건의 특정 조항을 변경합니다. 추가조건은 때때로 라이더rider라고 불립니다.[5] 추가조건은 AIA A-201 또는 건축사가 선호하는 세부적인 실무 사항이나, 프로젝트의 세부 사항에 맞추기 위해 사용되는 일반조건의 어떠한 버전에도 문단, 절 및 행별로 추가, 삭제 및 수정을 항목별로 분류합니다.

7. 시공자는 단가unit prices 목록을 작성하여 입찰 시 제출해야 합니다. 대부분 건물의 주요 부분은 매우 작은 다양한 구성 요소로 구성되어 있습니다. 건설 과정 중에 프로젝트에 적용된 변경 사항의 금액을 공정하게 결정하기 위해서는 이러한 구성 요소의 다른 수량을 추가 또는 빼는 데 드는 비용을 가격 목록에 포함하여 사전에 합의하는 것이 도움이 됩니다. 예를 들어, 이러한 목록에는 '타설 콘크리트를 위한 세제곱 야드당 가격 $X', '전기 이중 편의 콘센트를 위한 콘센트당 $Y' 또는 '8'-0" 높이의 칸막이 유형 A(도면에 표시된) 석고보드 칸막이 및 스터드를 위한 선형 피트당 $Z'가 포함될 수 있습니다. 이러한 단가에는 일반적으로 재료, 인건비, 운송비, 세금, 간접비, 이익 및 품목과 관련된 모든 기타 비용이 포함됩니다. 단가 목록을 꼼꼼히 선택하면 시공 중 시공자와 발주자 간 분쟁의 원인이 줄어들고 변경 시 불필요한 마찰을 피할 수 있습니다.

8. 대안alternates은 실시설계도서에 표시된 기본 작업에 대한 변경일 수 있으며, 대안은 작업물의 추가 또는 절감 또는 한 종류의 작업을 다른 것으로 대체하는 것을 말합니다. 예를 들어, 대안이라는 것을 통해서 '건물의 북쪽 건물동 삭제' 또는 '도면 대안 #3에 표시된 목공 공사를 추가하는 비용'에 대한 절감액을 지정할 수 있습니다. 또는 '도면 A–27의 마감 일람표에 명시된 합성 비닐타일 복원 바닥재 대신(또는 그 대가로) #36호실에 노스캐롤라이나주 애니타운의 XYZ 카펫회사에서 제조한 Tenderfoot EZ 케어 카펫을 고무 패딩 위에 설치'라고 명시할 수도 있습니다. 또는 '1층 강당에서 #1009 구역에서 지정된 벽 커버 대신 시방서에 따라 시스템 9 페인트를 제공'이라고 할 수 있습니다. 대안은 시공자의 공식적인 입찰의 일부로, 그리고 동시에 제공되는 가격이며, 건축주의 예산에 맞추기 위해 입찰 가격을 조정하는 방법입니다. 입찰이 들어온 뒤 오랜 시간을 들여 협상하기보다는 발주자가 계약 대상 업무의 최종 범위를 신속하게 결정하여 예산 목표를 빠르게 달성할 수 있습니다.

9. 예비비allowances는 아직 설계되지 않았거나 계약 체결 당시 알 수 없는 항목에 관한 조항입니다. 예를 들어, 대규모 기업 본사를 빡빡한 일정으로 시공하려고 하는데, 임원실 벽 마감재 선택을 제외한 모든 시공문서가 완료된 경우, 계약서에는 '#1325호실의 벽 덮개 재료 구입에 대해 5,000달러를 허용한다. 운반 및 설치는 기본 입찰에서 별도로 진행한다'라고 명시할 수 있습니다. 벽 마감재가 최종적으로 선택되었을 때, 총 3,000달러의 비용이 든다면, 총계약 금액은 2,000달러만큼 감하여 조정이 이루

어집니다. 예비비를 고려하는 또 다른 이유는 예상치 못한 일을 대비하기 위한 것입니다. 인부들이 흔히 들어 올릴 수 있는 것보다 더 큰 바위를 제거하기 위해 예상치 못한 폭파작업 또는 잭해머 도구가 필요할 수 있습니다. 예를 들어, 입방 야드당 단가를 설정하고, 암석 제거에 대한 수당을 20,000달러로 책정할 수 있습니다. 다시 말하지만, 정확한 비용이 정해지면 계약금액을 그 후에 조정할 수 있습니다.

10. 프로젝트를 일반적인 방식으로 구축할 수 없는 경우 단계적 요구사항phasing requirements을 하나의 연속적인 프로세스로 명시해야 합니다. 예를 들어, 사용자가 부분적으로 점유하고 있는 건물에서 작업을 하려면, 시공자는 여러 단계로 나누어 시공해야 합니다. 이 작업은 관리 시간, 배치되는 하도급자를 현장으로 불러들이는 횟수, 작업별 장비의 임대 비용 등 시공자에게 더 많은 시간과 비용이 소요됩니다. 시공자들은 입찰에 이러한 추가 비용을 포함해야 합니다(나중에 건축주가 시공자에게 말하게 되면 추가 비용이 훨씬 더 많이 듭니다).

11. 일반주석general notes은 프로젝트 매뉴얼의 앞부분 마지막에 위치하며, 기술 영역에 자연스럽게 삽입이 됩니다.

일반주석은 모든 거래에 적용되는 쟁점에 대한 시공자와 하도급자에 대한 지침으로 구성되지만, 모든 장의 시작 부분에서 반복하는 것보다 한 번에 언급하는 것이 더 수월합니다. 예를 들어, 모든 공사업체가 작업을 시작할 때 이전 공사업체의 작업을 수용하며, 이전 작업의 결함으로 인해 해당 조건의 요구사항을 충족할 수 없더라도 해당 조건의 요구사항을 충족시킬 책임을 지게 될 것이라는 주석으로 알릴 수 있습니다. 예를 들어, 한 도장공이 작업 현장에 와서 회반죽 벽을 칠하게 되었는데 벽이 불량으로 도배된 것을 보았다고 가정해봅시다. 도장공은 다음과 같은 두 가지 선택사항이 있습니다. 첫째, 일반적인 도장 준비 이상으로 사포 및 패치 작업을 수행할 수 있습니다. 두 번째로는 벽을 있는 그대로 도장하고 마감의 균일성에 대한 도장 사양 요구사항을 충족하지 못하는 불만족스러운 도장 작업을 수행할 수 있습니다. 또는 세 번째로는 이전 작업인 도장이 제대로 이루어지지 않았다고 종합건설업자에게 조언을 건네고 도장 작업을 진행하지 않는 것을 선택할 수 있습니다. 첫 번째 선택안은 도장공이 다른 사람이 한 불량한 작업 결과물을 고치는 데 드는 추가 비용을 부당하게 흡수하거나 시공자에 추가 비용을 요구해 추가 작업을 해야 합니다(시공자가 동의하면 이는 3번 선택사항에 해당합니다). 두 번째 선택안을 보면, 도장공이 불량하게 시공된 이전의 벽에 그대로 작업을 하게 되면, 그는 이전의 시공 상태를 받아들였고, 그것의 불만족스러운 도장 작업에 대한 대가를 받지 못하게 됩니다. 일반주석에 명시된 올바른 선택지인 세 번째 안의 경우, 시공자가 이전에 플라스터 작업을 한 하도급자를 데려다가 일을 새로 하게 하든지 또는 시공자가 도장공에게 추가비용을 지급하는 방식(도장공이 그 일에 대해서 지불받기를 기대한다면, 추가적인 작업이 이루어지기 전에 서로 간에 동의가 이루어져야 합니다)이 있습니다. 일반주석을 통해 모든 업무에 적용되는 조건과 요구사항에 대해 모든 시공자에게 공지가 이루어집니다.

프로젝트 매뉴얼: 기술 영역

프로젝트 매뉴얼의 두 번째 부분은 기술 영역technical sections 또는 시방서로 구성되어 있습니다. (따라서 정확하게 말해서 프로젝트 매뉴얼을 단순히 시방서라고 부르는 것은 정확하지 않습니다) 각 작업 유형 또는 업역을 설명하는 기술 영역은 산업 전반의 규범을 따라 항상 같은 순서로 이루어져 있습니다. CSI(건설시방서협회), Sweet 카탈로그 및 기타 모든 건축 부품 정보 모음집에서 따르는 순서와 동일합니다. 문과 창문은 항상 8장에 있습니다. 석고보드, 도장 및 바닥재는 항상 마감 영역인 9장의 하위에 해당합니다. 모든 장은 유사한 표준 하위 부분으로 나뉩니다. 이러한 표준화는 모든 사람이 항상 예상된 장소에서 정보를 찾을 수 있도록 합니다. 장의 순서는 토목 및 콘크리트와 같이 가장 단순한 구성 요소부터 HVAC 냉각기 및 비상용 발전기 시스템과 같이 매우 복잡하게 제작된 구성 요소까지 이루어집니다.

작업을 지정하는 방식으로는 기본적으로 두 가지가 있습니다. 첫 번째, 처방위주 방식prescriptive method은 정확히 어떤 재료와 형식을 사용하여 작업을 수행할 것인지를 설명하며, 그리고 성능위주 방식performance method은 달성해야 하는 최종 결과를 설명합니다. 처방위주 시방서에서 도장 작업을 기술할 때는 "마감용 칠을 2회 적용하라"라고 언급할 수 있으며, 성능위주 시방서에서는 "일정한 칠을 얻는 데 필요한 만큼의 횟수만큼 칠을 적용하라"라고 언급할 수 있습니다. 만약 도장공들이 하나의 칠로 표면을 균일하게 만들 수 있다면, 그들은 성능위주 시방서를 충족한 것이고, 만약 그것을 균일하게 만들기 위해 10번의 칠이 필요하다 하더라도 추가 비용이 들지 않습니다. 에어컨에 대한 처방위주 시방서에서는 필요한 모든 장비, 덕트의 크기 및 위치 등을 설명할 수 있습니다. 성능 위주 시방서에서는 "외부가 32°C일 때 시스템은 22°C의 실내온도를 상대습도 50%로 유지하고, 에너지 소비량은 평방 피트당 X와트를 초과하지 않으며 소음 레벨은 Y데시벨을 초과하지 않습니다"라고 명시할 수 있습니다.

기술 영역은 다음과 같은 부분으로 구성됩니다.

- 범위
- 관련 업무
- 참고 표준
- 제출물
- 보증과 보장
- 제품
- 인력
- 실행

기술 영역은 종종 영역이 다루는 작업 범위를 개략적으로 설명합니다(아마도 작업이 발생하는 범위를 나열함으로써, 하도급자가 입찰할 작업을 찾는 데 도움이 됩니다). 또한 관련 작업(예를 들어, 도장공은 자신이 달성해야 하는 품질 수준을 알기 위해 석고보드 시방서를 확인해야 합니다), 반드시 충족해야 하는 참조 표준reference standards (일부 산업 및 제품 제작협회에서는 제품에 대한 자체 표준을 작성하며, 이는 여러 번 반복해서 언급하기보다 더욱 쉽고 간결한 절차임) 및 사용할 재료(제조업체, 제조사, 모델 또는 유형 및 품질별로 나열됨)에 대해 설명합니다. 많은 기술 영역에서는 하도급자가 주문을 하거나 실제 제품 또는 재료를 만들기 전에 제출물submittals을 요구합니다. 제출물에는 샵드로잉shop drawings(정확한 치수, 재료, 접합 및 설치 방법을 보여주는 캐비닛 작업 및 덕트 작업과 같은 작업의 모든 주문 제작 부분을 제작하는 하청업체가 작성한 상세 도면), 재료의 실제 샘플 samples(예: 실제 채석장 또는 석재 슬라브에서 가져온 샘플), 각 위치에서 사용될 재료와 제품의 세부 정보를 나열하는 일람표schedule(예를 들면, 모든 문에 대한 정확한 크기, 유형, 부품 및 기능을 나열하는 문 및 하드웨어 일람표), 그리고 컷cuts(모든 관련사양을 나열하는 카탈로그 또는 제품 설명)이 있습니다. 이 모든 것들은 시방서의 요구조건이 충족됨을 확인시켜줍니다. 건축사는 제출물을 통해 시공자의 규격 준수 여부 및 가장 중요한 설계 의도를 확인할 수 있습니다. 제출물은 잘 지어진 건물에 필요한 요소이지만, 시공자들이 준비하고, 얻고, 배달하고, 추적하고, 필요하다면 다시 제출하는 데 비용이 듭니다. 따라서 시공자들이 제출물을 준비할 것으로 예상할 경우, 제출물 제공에 드는 비용이 입찰에 포함될 수 있도록 요구 사항이 무엇인지 시방서에 자세히 설명해 놓아야 합니다.

AIA A-201 일반 조건에 정의된 표준 시공은 시공자의 1년 보증을 받습니다. 보증warranty 또는 보장guarantee을 더 길게 하는 것이 적절하거나 바람직한 작업 부분이 있는 경우(예: 지붕, 에어컨 압축기)에는, 해당 요구사항은 보증 또는 보장 기간과 이를 뒷받침하는 사람을 포함하여 관련 기술 영역에 명시되어야 합니다. 저는 Joe's Quick and Ready Back-the-Truck 지붕 수리 회사의 평생 보증보다는 30년 지붕 보증을 서는 전국적인 보험회사를 더 선호합니다(보증은 보증하는 당사자의 서비스 또는 제품에 적용됩니다. 보장은 한 당사자가 다른 당사자의 상품 및 서비스에 대해 제공하는 것입니다. 예를 들어, 시공자는 자신의 작업에 대한 보증을 제공하고, 보험회사는 시공자의 작업에 대한 보장을 제공합니다. 이 용어들 사이의 구별은 실생활에서 종종 모호해지며, 일반적으로 서로 바꿔서 잘못 사용이 되는 경우가 많습니다).

프로젝트 매뉴얼의 기술 영역에서 제품products은 제조업체나 모델뿐만 아니라 필수 구성 요소 및 부속품에 의해서도 정의됩니다.

특정 작업에 대해서 노동 인력labor은 그에 관한 특수 교육을 받아야 합니다. 예를 들어, 특수 지붕 제품의 경우, 이러한 시스템을 설치한 경험이 요구됩니다. 시방서의 기술 영역에 해당 지붕은 해당 건물 유형에 이러한 지붕을 설치한 일정 연수의 경험 있고 제조업체의 훈련(또는 인증)을 받은 숙련공에 의해서만 설치되도록 명시되어 있다면 해당 숙련공을 구할 수 있을 것으로 예상합니다. 시방서에 명기하지 않는다면, 아마 그러한 시공자를 찾지 못할 것입니다. 그리고 일을 시작하고 나서 요구하는 것은 매우 어렵습니다.

실행execution은 작업을 수행해야 하는 필수적인 현장 조건(예: 온도 및 습도)과 필요한 준비 및 결함을 수정하기 위한 재설치, 조정 또는 정리 정돈을 위한 해결 방법을 설명합니다. 설치 후 시방서 요건을 준수하는지 작업을 시험해야 하는 경우, 필요한 시험(누가, 언제, 어떤 시험을 하고, 작업이 시험에 불합격하면 어떤 조처를 하는지)을 명시해야 합니다. 마지막으로, 시험 운전 또는 '커미셔닝'[6]과 관련된 모든 필수적인 건축주 인터페이스가 다루어질 것입니다.

건축사와 건축주는 시공자가 제공해야 하는 것, 수행해야 하는 것, 하지 말아야 할 것 등 시방서에 명시된 모든 것을 요구할 수 있는 모든 권리가 있습니다. 공정하지 못한 것(그리고 시공자들이 추가 비용 없이는 하지 않을 수도 있는 것)은 계약이 체결된 후에 더 많은 일을 해 달라고 요청하는 것입니다.

프로젝트 매뉴얼의 분량은 간단한 책자에서부터 여러 권으로 이루어진 두꺼운 것에 이르기까지 다양합니다. 프로젝트 매뉴얼의 철저함(및 분량)은 프로젝트의 규모와 복잡성에 적합해야 합니다.

조달(이전에는 '입찰 및 협상') Procurement(formerly Bidding and Negotiation)

실시설계도서가 완성되고 건축주의 검토 및 승인을 받게 되면, 여러분은 그것을 다수의 시공자에게 '입찰하기 위해' 내놓거나, 많은 시공자와 계약을 협상할 준비가 됩니다. 시공자 선정 방식은 건축주의 선호나 법적 의무에 따라 달라집니다. 건축주가 정부 기관인 경우에는 공개입찰open bidding이 요구될 수 있습니다. 즉, 공개입찰 절차를 광고하고 법적 요건을 충족하는 시공자에게 공개입찰 절차를 제공합니다. 민간 건축주들은 일반적으로 자격을 갖춘 적절한 입찰자 목록을 작성하고 프로젝트를 입찰에 부치는 비공개입찰closed bidding을 선택합니다. 경험 많은 건축주들은 종종 직접 입찰자 목록을 작성하는데, 때로는 그들이 이미 알고 있는 안정적인 시공자들로 이루어져 있습니다. 정보가 부족한 건축주는 적합한 시공자의 좋은 입찰 목록을 개발하는 데 건축사의 도움이 필요할 수 있습니다.

시공자 선정에서 건축주를 지원할 때 고려해야 할 사항은 시공자의 특정 건물 유형, 프로젝트 규모 및 지역에서의 경험뿐만 아니라 시공자의 평판도 포함됩니다. 그 시공자는 품질과 시기에 맞추어 작업을 수행하는 것으로 알려져 있습니까? 계약문서의 요구사항을 정확하게 준수하나요? 잠재적인 문제를 사전에 식별하나요? 건축사에게 전화를 걸어 15분 안에 현장에 오지 않으면 즉각적인 답변이 필요한 문제가 있으므로 작업이 중단될 것이라고 경고하는 시공자는 미리 계획하는 사람이 아닙니다. 그리고 거칠거나 불쾌한 '추가적인'(공사비) 사냥꾼으로 알려진 시공자는 분명히 피해야 합니다.

특정 프로젝트의 기준을 충족하는 시공자를 알고 있다면 입찰 목록에 넣으세요. 만약 그렇지 않다면, 몇 가지 사전조사가 필요합니다. 당신이 판단력을 믿고 비슷한 프로젝트를 수행한 다른 건축사들에게 물어보시기를 바랍니다. 최근에 지어진 비슷한 프로젝트를 둘러보고, 건축주와 건축사를 찾아보고, 추천을 요청하세요. 출판물에서 유사한 프로젝트를 찾아보고 건축사에게 문의하시기 바랍니다.

일단 예비 목록을 작성한 후, 각 시공자의 프로젝트 건축사를 인터뷰하고 당신의 건축주가 해당 프로젝트 건축사가 일했던 건축주에게 연락을 취하도록 요청하십시오. 건축사와 건축주는 서로 다른 정보를 제공합니다. 이러한 두 가지 정보를 모두 가지고 있으면 입찰자 명단에서 좋은 출발을 할 수 있습니다. 그런 다음, 건축주 및 관련 컨설턴트와 함께 이러한 잠재적인 입찰자들을 인터뷰합니다. 건축주와 함께 제안된 프로젝트와 범위, 품질 및 건물 유형이 유사한 최신 프로젝트를 방문합니다. 실제 건물을 보는 것과 사진으로 보는 것은 다릅니다. 인터뷰와 현장 방문 이후, 당신이 주목한 인상과 특이점을 당신의 건축주의 것과 비교하고, 과거 이력을 확인하시기 바랍니다. 이러한 작업을 통해 당신과 건축주 모두가 받아들일 수 있는 적합한 시공자로 구성된 최종 입찰 목록을 마련할 것입니다. 아무리 주의 깊게 준비한 목록이라도 과거의 결과가 미래의 성과를 확실하게 보장하는 것은 아니라는 점을 유의하시기 바랍니다. 우리 회사는 한 (또는 여러) 프로젝트를 능숙하게 수행했다가 이후에 정말 엉망으로 만든 시공자를 고용한 경험이 있습니다. 인력의 변화나 고객과의 궁합이 좋지 않은 것이 큰 차이를 만들 수 있습니다.

프로젝트 입찰의 대안은 건축주와 건축사가 합의해 선정한 시공사와 계약을 협상하는 것입니다. 이 프로세스는 무엇을 얻을 수 있는지 알고 시간을 절약할 수 있는 이점을 제공합니다. 때때로 건축주는 (때로는 건축사가 시작하기도 전에) 선호하는 시공자를 일찍 데려와서 시공 가능성을 위한 설계 및 자재 검토를 지원하도록 합니다. 이러한 사안에 있어서는 사전 선택이 유리하지만, 경쟁 입찰을 통한 비용 절감은 사라집니다. 어떤 절차를 거치든 건축사의 일은 건축주에게 철저히 알리는 것이고, 건축주의 일은 건축주에 대한 리스크와 보상의 균형을 맞추는 사업 결정을 내리는 것입니다.

일단 입찰 목록이 완성되면, 건축사는 보통 입찰자들에게 입찰 서류를 보내기 전에 알리고, 그들의 관심과 입찰 일정을 맞출 능력을 확인함으로써, 건축주가 입찰받는 것을 돕습니다. 건축사는 모든 입찰자가 같은 정보를 동시에 받을 수 있도록 실시설계도면과 프로젝트 매뉴얼을 포함한 합의된 수의 입찰 문서와 입찰 양식의 추가 사본을 각 입찰자에게 동시에 보냅니다.

입찰 기간 bid period에, 건축사는 입찰 서류를 입찰자에게 보내는 것과 입찰이 마감되는 시간 사이에, 시공자와 하도급자의 현장 방문을 주선하고(보통 이름과 날짜가 있는 방문자 일지를 기록한다) 시공자들이 입찰 서류를 검토할 때 불가피하게 발생하는 질문에 답변합니다. 좋은 형식은 모든 질문을 건축사에게 서면으로 보내면, 건축사는 주기적으로 답을 준비하는데, 이를 입찰부록bid addenda이라고 하며, 이는 건축주가 먼저 검토한 다음 모든 입찰자에게 동시에 메시지나 이메일을 보내는 것입니다. 입찰자가 질문을 하지 않았더라도, 각 입찰자는 모든 질문과 대답을 들을 자격이 있습니다. 다른 입찰부록으로는 입찰을 위해 문서를 발송한 이후의 추가 정보 또는 건축사가 발전시킨 도면들로 구성됩니다. 이러한 부록은 건설 계약의 필수적인 부분이 되므로, 나머지 문서와 동일한 주의를 가지고 명확성 및 정확성을 기해서 작성되어야 합니다. 각 입찰부록에는 나중에 참조할 수 있도록 번호와 날짜가 있어야 합니다.

입찰은 지정한 날짜까지 제출되어야 합니다. 입찰 문서는 수령 시 날짜 및 시간 도장을 찍고 건축주와 건축사에 의해 함께 공개가 이루어지며, 입찰초청장에 명시되었듯이 시공자들은 ('공개적으로') 참석하거나 ('비공개적으로') 참석하지 않습니다. 건축주와 건축사는 입찰을 시작할 때 각 페이지에 서명하고 마감 시점과 개시 시점에 실제 접수된 페이지임을 기록하는 것이 바람직합니다. 입찰 조작은 법적 소송의 잠재적인 원인이 되므로, 입찰 절차가 공정하고 경쟁적으로 수행되었는지, 그 외형 및 적정성을 보장하기 위해 이러한 단계를 엄격하게 따르는 것이 중요합니다.

일단 입찰이 공개되면, 건축사는 입찰자, 계약 총액, 거래 내역, 단가 품목에 대한 비용, 대안, 보증 비용, 그리고 작업 시작 및 완료 날짜, 입찰 총액을 담은 입찰 요약표bid summary를 준비합니다. 건축사는 건축주가 입찰을 '평준화leveling'[7]할 수 있도록 도와줍니다. 즉, 특이한 입찰 가격이 있다면 그 원인을 찾아내고 모든 입찰이 비교 가능한지 확인합니다. 그런 다음 건축주는 입찰초청장에 명시된 대로 최저 입찰 가격 또는 기타 기준으로 선정할 수 있습니다. 낙찰자에게 통보를 하고, 수주를 못 한 시공자에게도 통보를 해야합니다. 입찰을 준비하기 위해 노력과 상당한 비용을 들인 시공자들은 어떠한 답변도 듣지 못하는 경우가 너무 많습니다. 때때로 같은 결례를 겪는 건축사들은 이런 일을 피해야 합니다.

낙찰된 시공자가 입찰금액에 대한 계약서에 서명할 것을 어떻게 확신합니까? 두 가지 방법이 있는데, 둘 중 하나는 입찰 서류에 의해 요구되어야 합니다. 시공자가 보험사로부터 받아서 입찰과 함께 제출하는 입찰보증bid bond으로 사실상 보험사는 계약자(시공자)가 건축주와 입찰금액에 대한 계약을 체결하지 않을 경우, 보험사가 계약자의 입찰액과 차순위 최저가 입찰자의 차액을 보전해 줍니다(그리고 아마 다시는 그 시공자의 보험을 들어주지 않을 것입니다). 입찰담보bid security를 가지고 시공자는 입찰과 함께 지정된 금액 또는 입찰금액의 비율에 대한 인증된 수표를 제출합니다. 시공자가 발주자(건축주)와 입찰금액에 대한 계약을 체결하지 못하면 이러한 담보는 발주자에게 몰수됩니다. 두 가지 방법 모두 시공자가 '(포기하고) 걸어 나가기'에는 타격이 매우 큽니다.

사후설계관리Contract Administration[8]

사후설계관리 단계는 일반적으로 건축사 대가의 20%를 차지하지만, 대부분 건축주/건축사 계약에서 이 단계에 대한 설명은 다른 모든 단계의 설명보다 더 길게 이루어집니다. 아마도 제3자(시공자)가 참여하기 때문에 대부분 문제가 발생하는 단계이며, 원활한 수행을 위해서는 건축사의 최고의 전문지식(그리고 외교술[9])이 필요합니다.

건축주/시공자 계약이 체결된 후에는 건축사의 역할이 미묘하게 변경됩니다. 이제 건축사는 건축주의 전문적인 자문 역할 뿐 아니라 공사계약의 공정한 관리자로서도 활동해야 하며, 건축주와 시공자 모두에게 공정한 모습을 보여야 합니다. 많은 건축주는 이 단계에서 건축사가 그들의 옹호자가 되기를 기대합니다. 변호사가 이 자격으로 근무할 수 있지만, 건축사는 그렇지 않아야 합니다. 시공자들은 건축사의 공정성에 의존하며 이를 바탕으로 건축주/시공자 계약을 체결합니다. 건축주를 편애하는 건축사는 시공자에게 경제적으로 피해를 줄 수 있습니다. 편향된 건축사는 비윤리적일 뿐만 아니라, 다른 시공자들이 이를 알게 되었을 때(결국 건설업계에서 감출 수 있는 비밀은 없습니다), 그들은 더 높은 가격을 제시함으로써 건축사와 향후 입찰에서 제공할 것입니다. 그 건축사를 고용하는 후속 건축주는 공정하다고 알려진 다른 건축사가 동일한 작업을 할 때보다 프로젝트에서 더 많은 비용을 지불할 것입니다. 결국에는 '옹호'하는 건축사들은 비용이 더 많이 드는 것을 알기 때문에 경험이 풍부한 건축주들로부터 일을 잃게 됩니다. 그러므로 건축주/시공자 계약을 일방적으로 관리하는 것은 건축사의 실무에 좋지 않은 영향을 미칩니다. 건축사들은 때때로 건축주의 불합리한 요구를 거절해야 하지만, 건축사가 공사 중에 마주하는 대부분의 분쟁은 정반대 방향을 취합니다. 시공자가 도면과 시방서에 맞추어 작업을 수행하고, 계약한 대로 품질을 맞추고, 합의된 일정에 맞추어 작업을 실행하는 것을 말합니다.

계획설계, 중간설계 및 실시설계 단계의 시기는 건축주와 건축사가 상호 합의한 일정에 의해 설정됩니다. 그러나 일단 공사가 시작되면 일정은 주로 시공사의 손에 달려 있습니다. 이러한 이유로, 건축사는 사후설계관리 업무를 제공해야 하는 그들의 의무 기간을 건축주/건축사 계약에서 정합니다.

일반적으로 사후설계관리 단계에서는 건축주/시공자 계약 서명 시점 또는 '실행'(불길하게 들리는 용어) 시점부터 시작됩니다. 이 서명(때로는 샴페인을 포함한 축하와 함께)에서, 건축주와 시공자는 각각 실시설계 도면, 프로젝트 매뉴얼, 입찰부록, 계약서 자체를 포함한 세 세트의 완전한 계약문서contract documents와 모든 수정사항 또는 추가 조건에 서명합니다. 일반적으로 건축주, 시공자, 건축사는 각각 하나의 서명된 세트를 가집니다. 이 문서들은 공식적인 법적 문서이며, 일반적인 일일 참고용으로 표시하거나 사용해서는 안 됩니다.

사후설계관리 단계에서 건축사의 표준 용역은 일반적으로 최종완공final completion(보증기간을 제외한 건축주에 대한 모든 시공자의 의무가 이행되었을 때) 또는 실질적완공substantial completion 후 60일 후 종료됩니다(건물을 의도한 용도로 사용할 수 있지만 '펀치리스트', 즉 미완성 항목 목록을 완료하지 못한 경우). 어떤 이는 이르기를 일의 처음 90%는 시간의 90%를 차지하고, 마지막 남은 10%의 일은 시간의 90%를 차지한다고 말했습니다.[10] 건축사는 결국 시공자들이 마지막 미완성 항목을 완료시키기 위해 수개월(또는 수년) 동안 시공자들을 쫓는 데 많은 시간(그리고 비용)을 소비할 수 있으며, 다른 당사자의 완료 실패에 대한 비용을 부담해야 하는 것은 매우 불행한 일입니다. 실질적완공 후 60일을 초과하는 시간이 필요한 경우는 서비스 변경change in service으로 간주하여야 하며(128쪽에서 논의됨), 건축사는 건축주에게 추가적인 보상을 청구해야 합니다. 만약 시공자가 지연을 일으킨다면, 시공자는 이러한 추가적인 비용을 건축주에게 변상해야 합니다.

이 장의 서두에서 논의한 바와 같이, 건축사는 건축주의 대리인으로서(건축주와 합의된 범위 내에서), 프로젝트의 진행 상황과 상태를 건축주에게 지속해서 알리고, 계약문서의 취지와 일치하는 결정을 내리고, 건축주와 시공자 모두 계약문서에 부합하는 이행을 확보해야 하는 일반적인 의무를 지고 있습니다. 시공자가 시방서에 나열된 정확한 목재를 사용하는지 확인하는 것만큼, 건축주가 계약서에서 정한 기한까지 시공자에게 공사금액을 지급하는지 확인하는 것도 중요합니다.

건축사는 그들의 전문적 판단에 따라 의무를 이행하는 데 필요하다고 느끼는 간격으로 주기적인 현장 관찰site observations을 진행해야 합니다. X일 간격 또는 일주일에 Y번 방문이라는 약속을 피하시기를 바랍니다. 프로젝트의 어떤 시점에서는 매일 현장을 방문하는 것이 적절할 수 있으며, 다른 시점에서는 일주일에 한 번 방문해도 좋습니다. 일반적으로 일정에 따라 작업이 진행되고 있으며 계약문서에 요구되는 범위와 품질에 따라 작업이 진행되고 있음을 확인합니다. 작업 중 결함과 결점으로부터 건축주를 보호하려고 노력해야 하지만, 상세하고 철저한 검사를 하거나 계속해서 현장에 있을 필요는 없습니다. 건축사가 현장에서 관찰하는 수준은 종종 논쟁(그리고 소송)의 대상이 됩니다. 건축사사무소에서 파견된 정규직 현장 대표는 종종 '현장직원'으로 알려져 있으며, 건축주에게 (추가 비용을 청구하고) 제공할 수 있습니다. 건축사들은 건축주를 보호하기 위해 합리적인 범위 내에서 최선을 다하지만, 계약문서에 따라 공사 일을 하는 것은 궁극적으로 시공자의 책임이자 의무입니다. 건축사는 건축주에 대한 의무로서 계약문서에 부합하지 않는 모든 작업을 거부할 의무가 있습니다.

의심스러운 경우, 건축사는 계약문서에 비추어 적합하지 않은 현장에서 관찰된 특정 작업에 대해 건축주와 논의해야 합니다. 건축사의 전문적 판단에 따라, 계약문서에 부적합한 사안이 공공의 보건과 안전에 영향을 미치지 않는 경우, 건축주는 사업상 결정권자로서 계약 총액의 감액과 함께 그러한 계약문서의 변경을 수용하기로 선택할 수 있습니다. 단, 건축사는 건축주와 상의하지 않고 이러한 결정을 내려서는 안 됩니다.

건축사들은 대개 실질적완공 시점과 최종완공 시점에 검사inspection를 시행합니다. 이는 시공자가 건축사의 판단과 신념(보증이 아닌 판단이라는 의미)이 가능한 판단에 따라, 실질적 또는 최종완공을 달성하도록 계약문서에 따라 작업을 완료하였음을 건축주에게 증명하기 위함입니다. 검사는 관찰observations보다 더 철저하고 강도가 높습니다.

건축주들은 가끔 당신이 '공사감독'을 할 것인지 물을 수 있습니다. 건축사들은 위에서 설명한 바와 같이 공사 중에 건축주의 이익을 보호하기 위해 노력하지만, 형식적인 의미에서 실제로는 '감독super-vise' 업무를 수행하지 않습니다. 이 단어는 특정한 법적 의미를 지닙니다. 건설 노동자들(이들은 시공사를 위해 일합니다)은 건축사에게 고용되어 있지 않기 때문에 건축사는 그들을 감독할 수 없습니다. '감독'은 여러 주 정부의 법을 따르므로 건축사가 충족할 수 없고 보험에 들지 않는 책임을 지게 됩니다. 예를 들어, 근로자재해상보험을 제공하는 것입니다. 물론 건축사들은 자신의 직원들을 감독합니다.

건축사들은 건설될 최종 건물의 도면과 시방서를 작성합니다. 특이한 상황에서만, 도면과 시방서에 실제적인 과정이 기술되며, 일반적으로 특이하거나 흔치 않은 구성 요소의 경우입니다. 이 과정은 일반적으로 시공 수단과 방법construction means and methods이라고 불리며, 이것은 시공자의 책임입니다. 예를 들어, 건축사는 석고보드로 덮인 경량금속 스터드의 내부 파티션을 그릴 수 있으며, 테이핑, 메우는 작업 및 페인트칠을 할 수 있습니다. 만약 시공자가 석고보드를 먼저 세우고 마지막으로 스터드를 끼워 넣는 방법으로 그려진 파티션을 정확하게 달성할 수 있다면, 최종 결과가 명시된 대로 작업이 이루어지므로 건축사에게도 문제가 없을 것입니다. 작업 순서는 시공자의 시공 수단 및 방법에 관한 일입니다. 건축사는 천장에 페인트칠을 해야 한다고 시방서에 명시할 수 있지만, 하도급자에게 사다리나 베이커 비계를 사용하여 페인트칠을 하도록 지시하지는 않습니다. 도장공이 새를 고용하여 새가 페인트 붓으로 천장이 시방서에 명시한 대로 도장 작업이 이루어진다면 건축사로서는 문제가 없습니다(이에 대해 노조가 반대를 할 수도 있겠지만, 이것은 어디까지나 시공자의 일입니다).

작업 현장의 안전 또한 시공자의 책임입니다. 시공자는 OSHA(2장 참조)와 모든 지역 규정을 준수하는 안전계획과 해당 계획의 준수를 보장하는 시행 프로그램을 갖고 있어야 합니다. 그런데도, 만약 여러분이 현장에서 위험해 보이는 일이 일어나는 것을 보게 된다면, 시공자에게 알리세요. 시공자가 현장에 없을 때는, 현장 책임자에게 알리시길 바랍니다. 문제가 해결되지 않으면 건축주에게 알리시기 바랍니다. 여전히 수정되지 않은 경우, 건축부서나 건물 검사관 등 행정당국에 신고해야 할 수도 있습니다.

우리 사무실의 한 건축사가 고령의 검사 엔지니어를 이끌고 리노베이션 중인 갈색 석조 건물 뒤쪽으로 안내하여, 뒤쪽 석조 벽의 작업을 검사할 수 있도록 하였습니다. 건축사는 새로운 엘리베이터 샤프트를 위해 만들어진 바닥의 구멍 주위를 걸어 다녔고, 이 구멍은 석고 보드로 덮여 있었습니다. 뒤를 따라오던 엔지니어가 그곳을 밟고 그만 2층 아래로 떨어졌습니다. 건축사는 엔지니어를 돕기 위해 두 층을 뛰어 내려가, 911에 신고하고 엔지니어의 아내에게 알린 후 구급차를 타고 함께 병원으로 가서 아내가 도착하기를 기다렸습니다. 그 엔지니어는 큰 충격을 받았지만, 다행히 갈비뼈가 부러지는 부상에 그쳤습니다. 그 건축사는 계약상(현장 안전은 시공자의 업무) 하지 않아도 되는 일이었습니다. 하지만 인간적인 도리를 하는 것이 항상 최선의 일입니다. 그 결과, 시공자, 하도급자, 작업 중인 모든 사람이 고소당했습니다. 우리는 고소를 당하지 않았으며 아마도 프로젝트에 사려 깊고 배려심 많은 건축사가 있었기 때문일 것입니다.

　프로젝트에 대한 명령의 순서, 명확성 및 일관성을 제공하기 위해서는 표준 건축주/건축사 계약과 건축주/시공자 계약 모두에 명확하게 명시된 명령 체계와 **통신 프로토콜** communication protocol이 있어야 하므로 모든 당사자(및 그 하위 당사자)가 그 표준에 상호 동의하여야 합니다. 건축주는 건축주의 모든 구성원을 대신하여 발언하고 건축주를 위해 행동할 수 있는 권한을 가진 한 명의 대변인을 필요로 합니다. 건축주는 건축사를 통해 시공자와 소통해야 하며, 하도급자와의 소통은 시공사를 통해, 컨설턴트와 소통은 건축사를 통해야 합니다. 이러한 프로토콜을 준수하지 않으면 혼란, 오해, 비난 및 적절한 책임에 대한 잘못된 인식이 발생할 수 있습니다. 시공자가 건축주에게 직접 가서 더 나은 방법을 제안할 때, 건축주는 시공자에게 건축사에게 검토를 위해 이를 제출하라고 말해야 합니다. 이는 실제로 '더 나은 방법'일 수도 있고, 필요한 만큼 성능을 발휘하지 못하지만 비용이 덜 드는 방법일 수도 있습니다. 건축사가 건축주보다 판단을 내리는 데 더 적합합니다.

당사자 간의 모든 의사소통은 서면으로 이루어져야 합니다. 사람들은 종종 자신이 말한 것에 대해 자기 이익 위주의 기억을 가지고 있습니다. 더욱이, 문제는 소통이 이루어진 후 몇 달(심지어 몇 년)이 지난 후에야 해결되는 경우가 있는데, 이때 최고의 기억조차도 흐릿할 수 있고 확실히 증명하기 불가능할 수 있습니다. 좋은 경험법칙은 만약 기록되지 않았다면, 그것은 일어나지 않았다는 것입니다.

시공자의 제출물 처리processing submittals는 건축사가 시공 중에 해야 하는 중요한 업무입니다. 프로젝트 매뉴얼에서 요구하는 제출물은 작업 중에 건축사에게 보내지며, 건축사는 설계 의도를 준수하는지 검토하고, 시방서 요건과 비추어 적합성을 검토합니다. 부적합한 부분을 놓쳤다고 해서 시공자가 시방서대로 완전히 이행해야 하는 의무를 완화하는 것은 아닙니다. '샵드로잉shop drawing'을 준비하는 하도급자가 제작도면에 현장에서 측정한 치수의 정확성을 확인하는 것은 건축사의 책임이 아니지만, 건축사는 매우 부정확한 부분에 대해서는 이를 지적해야 합니다. 제출물 목록submittal log(그림 5.1 참조)을 보관하고, 필요한 제출물, 제출 시기와 제출 여부, 관련 컨설턴트에게 보냈는지 여부, 시공자 또는 하도급자가 취해야 할 조치(예: '오케이', '메모한 대로 오케이', '진행해도 좋으나 기록 보관 차원에서 새로 제출 바람', '진행하기 전에 추가 검토를 위해 새로 제출 바람')를 기록하시기 바랍니다.

123　BROADWAY　SUITE　5005　NEW YORK　NY　10006　(212)　675-4355

제작도면 및 제출물 목록　　　　　　　　　　　　　　October 1, 2006

프로젝트명 :　　　범례:
Additions to　　　A　　　=Approved (승인)
New City School　　AAN　　=Approved as noted (표기한 대로 승인)
700 East 75th Street　R　　　=Rejected/Revise and Resubmit (거부/수정 및 재제출)
New York, NY　　　AAN/RR　=Approved as Noted/Revise and Resubmit (표기한 대로 승인/수정 및 재제출)
#0236　　　　　AAN/RFR =Approved as Noted/Resubmit for Record (표기한 대로 승인/기록보관용 재제출)

일련번호	항목	하도급 업체명	GC로부터 받은 날짜	컨설턴트에게 보낸 날짜	컨설턴트명	컨설턴트로부터 받은 날짜	시공자에게 되돌려 보낸 날짜	범례
06400-1	Millwork at Pantry	Astoria Cabinetry	08.25.06				08.31.06	AAN
09650-1	Rubber Base	Master Flooring	08.13.06				08.17.06	AAN
09650-2	VCT	Master Flooring	08.13.06				08.19.06	AAN
09680-1	Carpet	Master Flooring	08.13.06				08.19.06	AAN
09900-1	Paint	Walls, Inc.	08.22.06				08.28.06	AAN/RR
10100-1	Blinds	Windows & Shades, Co.	08.13.06				08.19.06	AAN
10100-2	Radiator Enclosure	Astoria Cabinetry	08.19.06				08.25.06	AAN
15000-1	Trane Unit	Lawrence Mech	08.11.06	08.11.06	KRM	08.13.06	08.15.06	AAN
15000-2	Sheet metal dwg	Lawrence Mech	08.12.06	08.12.06	KRM	08.12.06	08.14.06	R
15000-3	Air Outlet Submittal	Lawrence Mech			KRM	08.18.06	08.20.06	R
15000-3-2	Air Outlet Submittal	Lawrence Mech			KRM	08.27.06	08.30.06	AAN
15000-4	Vibration Isolators	Lawrence Mech	08.21.06	08.21.06	KRM	08.25.06	08.27.06	AAN
15300-1	Sink and Faucet Cuts	DTR	08.17.06				08.21.06	AAN
16500-1	Light Fixtures	DTR	08.12.06	08.13.06	KRM	08.13.06	08.16.06	AAN/RR

5.1 제출물 목록

제출물의 흐름을 신중하고 정확하게 기록하고, 철저하고 신속하게 처리합니다. 일부 시공자들은 건축사의 조치에 대한 마감일(제출로부터 X일이 지나면 제출물이 승인된 것으로 간주되거나 시공자의 지연 청구에 대한 정당한 사유가 될 수 있음)을 요구합니다. 이것은 시기적절하게 행동하지 않는 건축사들에 대한 현실적인 방어책이 될 수도 있지만, 건축사에게는 잠재적인 책임이 될 수도 있습니다. 우리 회사는 보통 합의된 일정에 따라 제출물을 순서대로 제출하면 마감일 지정을 수락합니다. 이것은 시공자가 지연 청구할 목적으로 제출물을 모아서, 트럭 한 대 분의 양을 한 번에 배송하여 건축사의 프로젝트팀을 압도하는 것을 방지합니다. 제출물 검토를 위한 사전 승인된 일정은 시공자와 건축사 모두에게 공정합니다.

어떤 건설 프로젝트든, 어떤 것은 문서의 명확성 부족으로, 어떤 것은 예상치 못한 상황으로 인해 야기되는 질문들이 있을 수 있습니다. 시공자는 모든 질문을 정보제공요청서RFI, Request for Information 형식으로 서면으로 제출해야 하며, 건축사는 일반적으로 합의된 시간(예: 1주일) 내에 서면으로 답변해야 합니다. 답변이 잠재적인 변경(건축주, 건축사, 시공자에 의한)을 수반하는 경우, 건축사는 변경 사항을 완전히 설명하는 제안변경통지서Notice of Proposed Change, NPC를 준비합니다. (이러한 약어가 모두 마음에 들지 않습니까?) 시공자는 NPC를 검토하고, 계약총액의 변동(상향 또는 하향) 및 공사 일정 증감 여부를 결정합니다. 그런 다음 이 정보는 건축사에게 제안변경지시서Proposed Change Order, PCO로 제시되며, 건축사는 이를 검토하고 건축주와 논의합니다. 이것이 수용이 가능하면 업무범위, 계약총액, 계약기간 등의 변경을 정확하게 기술한 변경지시서Change Order, CO로 작성합니다. 변경지시서는 시공자, 건축사, 건축주가 서명하고 계약문서의 필수적인 부분이 됩니다.

건축주/시공자 계약서에 따라 정기적으로(보통 매월) 시공자는 요청인증서requisition certificate와 추가면continuation sheet으로 구성된 지급요청서Requisition for Payment를 준비합니다. 전자는 원 계약총액, 변경 및 합의된 변경 사항 및 현재 계약총액에 관해 설명되어 있습니다. 여기에는 지금까지의 작업(추가면에 자세히 설명되어 있음), 현재까지 지급된 금액 및 현재 지급되어야 할 금액이 요약되어 있습니다. 건축사가 제시된 정보에 동의하면, 그것을 승인하고 인증서에 서명합니다. 건축사는 요청서가 적용되는 최종 날짜에 현장을 방문하여 모든 작업, 해당 작업의 전체 가치, 요청 날짜까지 완료된 작업의 부분 및 그에 따라 지급해야 하는 계산된 금액(전체 금액에 완료 비율의 곱)을 열거하는 추가면의 정보를 평가해야 합니다. 일반적으로 지급해야 할 금액의 고정 비율인 지불예치금retainage[11]을 뺀 금액입니다(8장 '지급 및 완공'에서 자세히 설명합니다).

이러한 금액은 합산되어 인증서에 표시된 금액이 되며, 요청서의 표지 시트가 됩니다. 현재 대부분의 시공자는 전자문서 양식의 AIA G701 인증서와 G702 추가면 또는 일람표를 사용합니다.

건축사가 요청서를 처리하는 일은 현장에서 각 하도급자의 작업 신행 상태를 평가하고, 그에 해당하는 금액이 요청서에 표시된 것과 같은지 확인하는 것입니다. 또한 건축사는 요청서를 받은 후 7일 이내에 금액과 작업 진행과의 차이를 문서화하고, 요청서를 수정하거나(필요한 경우), 시공자가 이를 수정하고. 다시 요청서를 제출하도록 하고, 이를 건축주에게 전달해야 합니다. 건축사는 실제 시행된 금액보다 더 많은 금액을 승인하지 않도록 주의해야 합니다. 왜냐하면, 시공자가 채무불이행(또는 심지어 사라짐)할 때, 건축사는 이러한 '과잉 요청' 금액에 대한 책임을 질 수 있기 때문입니다. 제출물과 마찬가지로, 건축사는 요청서에 신속하게 처리해야 합니다.

저는 한때 건축주에게 고소를 당한 건축사를 위해 전문가 증인으로 활동한 적이 있습니다. 그 건축주의 시공자는 우편 사기로 유죄판결을 받고 감옥에 간 상태였으며, 따라서 그 시공자는 (당연히) 프로젝트를 끝내지 못했습니다. 그 건축주는 건축사가 과도한 요청을 했기 때문에, 시공자는 실제 작업한 것보다 더 많은 돈을 받게 되었으며, 따라서 다른 시공자와 프로젝트를 마무리하는 것은 동의한 것보다 더 큰 비용이 들 것이라고 주장했습니다. 그리고 그 차액은 건축사가 부담해야 한다고 주장했는데, 그 액수가 매우 많았습니다(이 사건은 해결되었고 건축사가 지급했습니다).

시공자의 요청에 따라, 건축사는 실질적완공과 최종완공을 위한 검사를 수행합니다. 건축사가 만족하는 경우, 건축사는 이를 증명하는 증명서를 준비합니다. 실질적완공에 이르러, 건축사는 미완성 또는 잘못 완료된 작업의 모든 항목 목록인 펀치리스트punchlist를 작성하여 건축주에게 검토(그리고 합리적인 추가 작업을 함)받고 시공자에게 제출합니다. 최종완공에 이르러서는, 건축사는 펀치리스트에 있는 모든 항목이 완료되었는지 확인하며, 시공자가 보장, 보증 및 시공자, 하도급자, 자재공급업체, 기타 공급업체로부터 받은 최종 선취특권 포기서(미지급에 대해 프로젝트에 대한 구상권이 이루어지지 않을 것이라는 서약서), 계약문서에서 요구하는 기타 모든 항목 같은 모든 마감 문서close-out documents를 제출했는지 확인합니다. 그리고 드디어 일은 끝이 납니다!

서비스 변경 Changes in Services

건축사가 일반적인 표준 서비스를 제공하는 경우 작업이 완료됩니다. 건축사가 담당할 자격이 있는 다른 서비스는 추가적인 대가를 받고 제공될 수 있습니다. 서비스 변경 사항은 거의 무한하지만 가장 일반적인 사항 중 일부는 다음과 같습니다.

- 프로젝트를 위한 프로그램 준비
- 부지 선택 시 건축주 협조
- 현장감독 직원 제공
- 과도한 수의 변경지시서 평가
- 이전에 승인된 도면 변경
- 프로젝트 크기, 품질, 복잡성, 일정 또는 예산의 실질적인 변경으로 인한 문서 변경
- 화재 및 물로 인한 피해 또는 공공 기물 파손에 대한 보상 지원
- (건축사가 당사자가 아닌) 소송 지원
- 실질적완공 후 60일 후에 프로젝트를 완료하기 위한 서비스 제공
- 기주 후 평가 수행
- 프로젝트를 분할발주 계약 또는 '패스트 트랙' 방식[12]으로 수행
- 수정 작업 또는 개조 작업 시 보조업무
- 보장기간이 끝나기 전의 검사

서비스 범위의 일부 잠재적 변동사항을 약정에 포함하는 것은 해당 서비스가 표준 서비스 대가의 표준 서비스 패키지 일부가 아님을 명확히 하는 데 도움이 되므로 유용합니다.

요약하자면, 건축사가 건축주를 위해 수행하는 전문적인 서비스
에는 모든 단계에서 제공되는 일반적인 서비스, 대부분의 약정에서
표준서비스로 제공되는 5가지의 일반 단계, 건축사가 표준 서비스 외
에 제공할 수 있는 일부 기타 서비스가 포함됩니다. 표준 서비스와 서
비스 변경 간의 차이는 대가(다음 장의 주제)에 영향을 미치기 때문에
중요합니다. 이는 또한 고려 중인 특정 프로젝트에 대해 어떤 서비스
를 제공할 것인지를 정확하게 정의하는 것의 중요성을 설명합니다.

미주 ─────────────────────

[1] 유틸리티(utility)는 전기, 급수 및 배수, 통신 등을 통칭한다.

[2] 파르티(parti)는 건축사의 설계의 바탕이 되는 조직적인 생각이나 결정이
며, 다이어그램, 스케치, 진술의 형태로 제공된다.

[3] 레터 크기는 우리가 흔히 사용하는 A4 종이 크기와 비슷하다.

[4] 5층 규모 또는 지하 1층+4층 규모의 건물을 사례로 하였다.

[5] 라이더(rider)는 계약서의 추가 조항 또는 첨부문서를 뜻한다.

[6] 커미셔닝(commissioning, 시운전)은 완성된 건축물과 부속 시스템의 성능
이 설계 요구사항과 건축주의 요구조건들을 충족하도록 완성, 검증 및 문
서로 기록하는 과정이다.

[7] 평균 입찰가를 파악함으로써, 실시설계문서가 문제가 없는지 파악하는 것
을 뜻한다. 가령, 평균값을 중심으로 입찰가가 고르게 분포되어 있으면,
건축사 및 엔지니어가 준비한 실시설계도서가 제대로 이루어졌다고 할 수
있다. 하지만 제출된 입찰 금액을 분석한 결과, 상호 간에 편차가 크거나
특정 분야 입찰 금액이 현격하게 높거나 낮은 입찰가가 있는 경우에는, 실
시설계문서에서 오류가 있다는 합리적인 의심을 할 수 있다.

[8] Contract administration은 시공자가 계약문서대로 계약을 이행할 수 있도
록, 즉 건축사의 설계안대로 건축물이 지어질 수 있도록 보조해주는 건축
사의 관리 업무를 지칭한다. AIA B101-2017 건축주/건축사 계약서에서는
공사 단계 업무로써 건축사가 건축주와 시공자 사이에서 계약 관리 업무
를 제공해야 한다고 명시되어 있다. 업무의 범위가 정확히 같지는 않지만,

우리나라에서는 사후설계관리업무가 이에 가깝다. 사후설계관리업무는 「건축사법」 제19조의3에 따른 국토교통부 고시 "공공발주사업에 대한 건축사의 업무범위와 대가기준"에서 건축설계가 완료된 후 공사시공 과정에서 건축사의 설계의도가 충분히 반영되도록 수행하는 관련 설계업무라고 정의되어 있다.

[9] 시공단계에서 건축주, 시공자, 하도급자 등 여러 사람이 같이 일을 할 때 누군가 손해 보는 기분이 들지 않도록 당사자 간 이해관계를 잘 정리하는 것을 뜻한다.

[10] 그만큼 일을 제대로 마무리하는 데 상당한 시간이 걸린다는 것을 다소 과장하여 표현하였다.

[11] 건축공사 진척도에 따라 지불되어야 할 금액을 예치한 것으로 건축주와 시공자 간 합의한 계약서에 따라 앞으로 지급될 금액을 말한다.

[12] 설계 완료 후 시공이 이루어지는 일반적인 방법 대신에, 건축사의 설계용역 서비스의 일부를 건축공사와 함께 중복시켜서 진행하는 방식을 가리킨다.

건축사 서비스에 대한 대가

Fees for Architects' Services

건축사 서비스에 대한 대가
Fees for Architects' Services

Fee Bases
대가 기준

전통적인 대가 약정은 건설비용, 고정 대가 또는 시간 요금의 백분율을 기반으로 하며, 때로는 이를 조합하여 사용합니다. '빅3', 즉 각각의 장단점과 특정한 상황에서의 적합성을 이해하는 것이 중요합니다. 대체 약정alternative arrangements은 뒤에서 다룰 '기타 대가 산정 방법'에서 논의가 이루어집니다.

대가 구조를 선택할 때 가장 중요하게 고려할 사항은 대가 구조 유연성이 제공되는 서비스의 유연성과 일치해야 한다는 것입니다. 건축사사무소는 6.95달러의 제한된 가격으로 모든 것을 먹을 수 있는 밥스빅보이 레스트랑이 될 수 없습니다. 제한된 대가 limited fee는 (파산을 피할 뿐만 아니라) 공정성을 위해 제한된 서비스에 국한되어야 합니다.

만약에 제공할 서비스 범위가 개방형으로 제안(또는 예상)되는 경우, 이에 대해 대가도 마찬가지로 제한 없이 부과되어야 합니다.

5장에서 기술한 바와 같이, 건축사가 건축주에게 제공하는 서비스는 일반적으로 두 종류입니다. 첫 번째는 계획설계, 중간설계, 실시설계, 입찰 및 협상, 사후설계관리업무 단계로 이루어지는 표준 서비스 standard service라고 불리는 프로젝트의 일반적인 과정에서 필요한 서비스입니다. 두 번째로는 서비스 범위의 변경changes in scope of services에서 비롯됩니다. 여기에는 많은 건축사가 제공할 자격과 경험을 갖추고 있지만, 일반적으로 제공하지 않아도 되는 서비스가 포함됩니다. 건축주는 건축사가 이러한 서비스를 수행 대상 목록에 추가하도록 선택할 수 있으며, 대가는 당연히 건축사가 표준 서비스만을 제공하는 경우보다 더 높을 것입니다.

때로는 프로젝트를 시작하기 전에 정확히 어떤 서비스가 필요한지 모르는 경우가 있지만, 프로젝트가 서비스 범위를 확장함에 따라 해당 서비스에 대한 부가적인 대가가 부과되어야 합니다.

이러한 변경에는 건축사가 원래 프로그램에 대한 설계를 작성한 후 건축수가 프로젝트의 요구사항을 변경하거나, 시공 중 화재 또는 작업에 실패한 시공 결과로 인해 추가적인 작업이 필요한 경우 재설계 비용이 포함될 수 있습니다.

표준 서비스에 대한 대가

　　　　　표준 서비스에 대한 대가를 부과하는 올바른 방법을 선택하고 해당 서비스에 대한 대가가 얼마여야 하는지 결정하기 위해서는 가장 일반적인 세 가지 방법이 어떻게 작동하는지 이해해야 합니다. 여기에 기술된 약관은 전형적이지만, 실무상의 다른 모든 것과 마찬가지로 구체적인 상황과 실제 당사자의 성격에 맞게 수정될 수 있습니다. 적절한 대가를 책정하는 것은 복잡합니다. 당신이 제공하는 서비스는 얼마나 특별합니까(어떠한 회사도 제공할 수 있는 '상품'과 달리)?

　어떤 종류의 고객이며, 비용에 얼마나 민감한가요(그리고 고객에게 높은 수준의 전문 지식과 서비스가 얼마나 중요한지)? 당신은 대가 협상 경험이 얼마나 있는지요? 필요한 서비스를 제공하기 위해 회사에 드는 비용을 평가할 수 있습니까? 경쟁업체는 얼마나 청구할까요? 제공되는 서비스가 독특하고 따라서 건축주에게 더 가치가 있는가요?

　어떠한 대가 책정 방식을 선택하든지, 건축주는 서비스가 제공되기 전에 건축주/건축사 계약의 서명에 따라 건축사에게 초기 비용을 지급해야 하며, 최종 지급 시 건축주에게 입금됩니다. 초기 비용 지급은 일반적으로 건축사가 예상한 청구서의 1~2개월 사이에 이루어집니다.

건설비용 백분율 방식 Percentage-of-construction-cost Basis

건축사의 서비스에 대한 고전적인 보상 방식은 건설비용 백분율percent-age-of-construction-cost을 바탕으로 합니다(그림 6.1, 건설비용 백분율 대가가 11%인 프로젝트에 대한 샘플 청구서 참조). 이름에서 알 수 있듯이, 대가는 공사비에 합의된 비율을 곱하여 계산됩니다. 이 백분율은 프로젝트의 크기 및 복잡성과 관련이 있습니다. 창고는 병원보다 건설비용당 설계와 건설에 시간이 적게 걸리므로 그 비율은 상당히 낮을 것이고, 4,000만 달러 규모의 아파트와 같은 대형 프로젝트는 4만 달러 주택 증축보다 건설비용당 시간이 짧기 때문에 더 낮은 비율이 책정될 수 있습니다.

CAMERON DAVI
123 BROADWAY SUITE 5005

Avery Washington
Business Manager
New City School
700 East 75th Street
New York, NY 10128

명세서: 전문 서비스

표준서비스에 대한 대가

230만 달러 공사비 대비 11% 건축사 대가
–25만 3천 달리

단계별 작업	단계별 작업에 대한 총 대가 백분율
계획설계	15%
중간설계	20%
실시설계	40%
입찰 및 협상	5%
사후설계관리	20%
Total	100%

6.1 건설비용 백분율이 적용된 프로젝트의 전문적인 건축사 서비스 명세서 또는 송장에 대한 예시. 여기에는 작업 단계별 대가, 현재까지 완료된 단계별 작업의 부분, 그리고 현재까지 지급된 금액에 대한 크레딧을 부여한 후 명세서 작성 시점에 지급해야 하는 대가가 표시되었다.

'낮음'과 '높음'의 판단기준은 꽤 모호합니다. 이 백분율의 범위는 어떻게 될까요? 숙련된 건축사는 과거의 프로젝트를 통해 어떠한 비용이 합리적인지 알고 있으며, 이를 알려진 관련 건축 비용과 연관시켜 공정한 비율을 도출할 수 있습니다. 1970년대 중반까지만 해도 대가 제안을 준비하는 프로젝트의 정확한 유형이나 범위에 대해 잘 모르는 경우. 주어진 프로젝트의 규모와 복잡도에 따라 백분율을 명시하는 AIA의 최소 대가 일람표를 확인할 수 있었습니다. 그러나 미국 법무부는 서로 경쟁자여야 할 건축사(AIA 회원)가 서비스에 대한 최저 대가를 설정하고 있다면 가격 담합을 막기 위해 마련된 셔먼 독점금지법을 위반한 것으로 판단했습니다. 따라서 AIA는 대가 일람표를 철회하고 최소 또는 다른 방식으로 회원들에게 어떠한 대가도 추천하는 것을 중단했습니다. 그럼에도 불구하고, 오늘날 여러분은 F. W. Dodge 및 R. S. Means 등에서 출간한 건설비용 데이터 백서에서 거의 동일한 대가 일람표를 볼 수 있습니다. 이러한 일람표에서는 '좋은 전문적인 서비스에 필요한 대가' 또는 '일정 금액 이하의 대가로는 적절한 서비스를 기대하기 어려운'이라고 설명되어 있습니다. 이러한 출판사들은 그들이 스스로 받아야 할 것에 동의하는 전문가가 아니라, 실무에 대해 보고하는 독립적인 기관에서 발표하는 것이기에 허용됩니다.

저는 계약서의 '백분율' 부분에 대해 논의하였습니다. '건설비용'은 얼마입니까? 이 질문은 들리는 것처럼 어리석지 않습니다. 완공된 프로젝트의 경우, 건설비용은 변경 및 추가 비용을 포함하여 시공자에게 지급되는 전체 금액입니다. 여기에는 건축사와 엔지니어의 전문 서비스 대가, 토지 비용 또는 건설비용을 지급하기 위해 빌린 돈의 비용은 포함되지 않습니다. 이러한 비용들이 건설비용에 더해져서 전체 프로젝트 비용을 구성합니다.

만약 그 프로젝트가 지어지지 않는다면? 때때로 건축주들은 건설을 시작하기 전에, 그러나 건축사가 많은 설계 작업을 한 후에, 아마도 심지어 실시설계도서를 준비한 후에 프로젝트를 포기하기도 합니다. 그러면 '건설비용(따라서 건축사 대가)'이 0인가요? 아닙니다. 이러한 대가 약정은 부동산 중개인의 일반적인 청구 방식과 유사하게 건축사의 작업을 매우 투기적으로 만들 수 있습니다. 즉, (부동산 중개인의 경우) 거래가 완료되지 않는 한 대가는 없습니다. 하지만 프로젝트가 지어지지 않더라도, 건축사는 제공된 서비스 일부에 대해 대가를 받게 됩니다. 보통 건축사 대가의 80%는 '첫 삽을 뜨고나서' 공사가 시작될 때쯤 벌어들이게 됩니다. 그렇다면, 시공자에게 돈이 지급되지 않는 프로젝트의 '건설비용'은 얼마일까요? 이것은 프로젝트가 진행되었더라면 비용이 얼마나 들었는지에 대한 가장 최근 및 최선의 추정치입니다. 입찰이 진행되기 전에는, 그것은 초기 견적 또는 건축사의 '예상 비용 명세서'일 것이며, 입찰 후 대가 계산 목적을 위한 건설비용은 최저 실제 입찰액입니다. 프로젝트가 입찰된 이후, 공사가 시작되기 전에 종료된다고 가정해보세요. 대부분의 계약서에서, 건축사는 그때까지 서비스의 80%를 수행했을 것입니다. 합의된 대가가 공사비의 15%로 책정되고 최저 입찰액이 2백만 달러인 경우, 건축사는 2백만 달러의 15% 대가(80%×15%×2백만 달러)의 80%를 지급받아야 하며, 별도의 추가 해지 비용은 포함하지 않습니다. 모든 건축사는 어느 시점에서 프로젝트를 포기하고 진정으로(그러나 실수로) 건축사의 작업이 무료이어야 한다고 믿는 건축주를 만납니다. 다행히도, 모든 좋은 표준 계약서는 이를 허용할 수 없도록 합니다.

건축주가 건축사에게 투기적으로 작업하기를 정말로 원하는 경우, 작업이 시작되기 전에 지어지지 않은 프로젝트의 작업 비용을 감당할 수 있을 정도로 대가를 높게 책정하면 그렇게 할 수도 있습니다. 그러면 실제로 프로젝트를 진행하는 건축주는 그렇지 않은 건축주에게 비용을 지급하게 됩니다. 하지만 제가 보기에 이것은 좋지 않은 생각인 것 같습니다.

건설비용 백분율 대가 방식은 사업 규모와 입지, 관련 건설비용 차이(사업비는 임금, 임대료 등 지역마다 다를 수 있음)와 건설 품질 수준의 변화에 따라 대가가 자동으로 조정된다는 장점이 있습니다. 하지만 이 방법의 가장 큰 단점은 건축주가 시공사에 더 많은 돈을 써야 할 때 이익을 보는 건축사에게 이해충돌이 있는 것처럼 보인다는 점입니다. 하지만 사실 건축사들은 건축주의 건축비용을 현명하고 효율적으로 사용하고 건축주에게 과도한 금액이 청구되는 것을 보호하려고 노력합니다.

고정대가 방식Fixed-fee Basis

두 번째 유형의 대가 약정은 고정fixed 또는 정해진set 대가fee 방식입니다. 건축사는 정해진 서비스에 대해 합의된 금액을 청구합니다. 다시 말하지만, 서비스를 정의하는 것은 이를 공정한 약정으로 만드는 데 매우 중요한 요소입니다. 대부분의 경우 고정대가는 전체 프로젝트에 적용되지만(그림 6.2 참조), 호텔 방당 $X, 아파트 주택의 경우 $Y, 상업용 사무실 건물의 임대 공간 설계 시 평방피트당 $Z와 같이 특정 단위에 대해 설정할 수 있습니다(그림 6.3 참조). 고정대가 방식은 해당 작업 유형에 매우 익숙한 숙련된 건축주와 건축사에게 가장 효과적입니다.

명세서   October 31, 2006

Chris Jones
Asst. Dean for Administration
Maxwell Law School
300 Hollywood Blvd.
Los Angeles, CA 90028

프로젝트명:

Maxwell Law School
Alterations to Floors 6-10
#0501

전문 서비스에 대한 명세서:

2006년 10월 1일부터 10월 31일까지

전문 서비스에 대한 대가:

65만 달러의 고정 수수료에 근거한 표준 서비스

단계별 작업	계약에 따른 단계별 대가	현재까지 완료된 단계별 작업 공정	단계별 대가 지불액	현재까지 청구한 대가	금번 명세서에 따른 대가
계획설계	$65,000	100%	$65,000	$65,000	$0.00
중간설계	$115,000	95%	$109,250	$92,500	$16,750.00
실시설계	$230,000	50%	$115,000	$21,250	$93,750.00
입찰 및 협상	$35,000	5%	$1,750	$0	$1,750.00
사후설계관리	$205,000	0%	$0	$0	$0.00
표준 서비스 총 대가:	$650,000	44.77%	$291,000	$178,750	$112,250.00

금번 명세서 대가 지불 총액:

납부 기일 : 2003년 11월 15일

785 Wilshire Blvd. 16th Fl
Los Angeles, CA 90017
213.546.5555
www.wilsonmoorearchitects.com

6.2 표준 서비스에 대해 고정대가가 부과된 프로젝트의 전문적인 건축 서비스에 대한 명세서 예시

이 대가 기준의 장점은 양 당사자에게 매우 예측 가능성이 높다는 점입니다. 단점은 유연성이 낮다는 점입니다. 일반적으로 계약에서 명확히 정의된 범위를 벗어나는 서비스 변경에 대해서는 여전히 추가 대가가 부과될 수 있지만, 건축사는 수익성 있는 수행을 하도록 매우 단련

Pat Taylor
CFO
Investments, Inc.
945 Wabash Ave Suite 420
Chicago, IL 60605

프로젝트명:
New Offices for Investments, Inc.
321W Washington Street
Chicago, IL
#0428

전문 서비스에 대한 명세서: 2006년 3월 1일부터 3월 31일까지 기간

전문 서비스에 대한 대가

6만 제곱피트의 임대면적에 제곱피트당 3.5달러의 대가 = 21만 달러 표준서비스 대가

단계별 작업	전체 대가 대비 단계별 작업 비율	현재까지 완료된 작업 비율	현재까지 지급 완료된 대가 비율	현재까지 지급 해야 할 대가
계획설계	15%	95%	14.25%	$29,925.00
중간설계	20%	70%	14%	$29,400.00
실시설계	40%	15%	6%	$1,260.00
입찰 및 협상	5%	0%	0%	$0.00
사후설계관리	20%	0%	0%	$0.00
총합	**100%**		**34.25%**	**$60,585.00**
현재까지 지불된 금액, 초기 지불액 불포함(최종 명세서에서 입금될 예정임)				$16,585.00
이 기간 동안 이루어진 표준 서비스에 대한 대가				$44,000.00

총 납입금액: $44,000.00

납부 기일 : 2006년 4월 15일

March 31, 2006

6.3 대가가 단위 비용 기준으로 결정되는 전문적인 건축 서비스에 대한 명세서 예시 (이 경우 임대 가능한 평방피트당 3.50달러)

되어 있어야 합니다. 본질적으로 반복적인 부분이 있는 프로젝트와 해박한 지식을 갖춘 건축주가 있는 프로젝트와 같은 특정 유형의 작업은 확실히 서비스를 제공하는 가장 일반적인 방법입니다.

시간당 부과 방식Time-charge Basis

건축사의 서비스에 대한 세 번째 일반적인 대가 산정 방법은 시간당 부과time charge 방식입니다. 건축사는 프로젝트에 실제로 소요된 시간에 대해 건축주에게 시간당 단가로 부과합니다. 단가는 사전에 합의되며 대개 프로젝트에 참여하는 직원의 수준에 따라 달라집니다. 고위 임원은 경험이 적은 직원보다 더 높은 요율로 청구됩니다. 단가는 두 가지 방법 중 하나로 설정됩니다. 첫 번째 방법은 변호사나 회계사와 같은 다른 전문가들이 청구하는 것과 마찬가지로 단순하게 직급별로 단가를 설정하는 것입니다. 예를 들어 파트너 또는 소장은 시간당 A달러, 선임 건축사는 시간당 B달러, 건축사는 시간당 C달러, 주니어 디자이너는 시간당 D달러로 청구됩니다. 이 목록은 계약서의 일부이며 관례적으로 프로젝트 진행 중에 시간당 단가가 매년 조정될 수 있다는 통지가 포함되어 있습니다. 대부분의 건축사는 이것이 평균적인 고객에게 용어를 설명하고 청구하는 쉬운 방법이라고 생각합니다. 그림 6.4는 이 방법에 기초한 명세서 예시입니다.

설계 전문가의 시간당 단가를 설정하는 두 번째 방법은 정부, 대기업 또는 기관과 같이 싱딩한 규모의 지속직 건축 프로그램이 있으며 정기적으로 전문적인 설계 서비스를 조달하는 경험 많은 고객과 함께 사용되는 '요율'의 방식입니다. 직원(회사의 법적 구조에 따라 '소장' 또는 '파트너'로 불리는 건축사사무소의 소유주와 달리 10장 참조)의 청구 요율 설정을 위해서는 직원의 급여에 '필수 및 관습적 복리후생' 비용을 추가하는 계산된 계수를 곱합니다. '필수' 복리후생은 연방보험료법Federal Insurance Contributions Act, FICA(직원의 몫은 각 급여 지급 기간에 공제되어 정부로 보내짐), 실업보험 및 근로자재해보상보험과

Kim Robertson
President
Robertson, Inc.
244 Madison Street
Denver, CO 80206

프로젝트명:
New Offices for Robertson, Inc.
100 Park Street
Denver, CO
#7924532

명세서: 2006년 2월 1일부터 2월 28일까지의 전문 서비스

전문 서비스에 대한 대가
합의된 요율에 근거한 표준 서비스

파트너:	시간	시간당 단가	대가
Bruce Johnson, FAIA	6	$200/hr	$1,200.00
Dale Jones, AIA	4	$200/hr	$800.00
수석 건축사:			
Lisa Cunningham, AIA	18	$120/hr	$2,160.00
David Goldberger, AIA	10	$120/hr	$1,200.00
디자이너:			
		$95/hr	$1,900.00
표준 서비스 대가 총액:	58		$7,260.00
납부할 금액:			$7,260.00

납부 기일 : 2006년 3월 15일
February 28, 2006

6.4 투입된 시간에 대해 정해진 단가를 최고 한도 없이 청구하는 계약서를 바탕으로 한 명세서 예시

같은 정부 요구 비용에 대한 직원의 비례적 몫입니다. '관습적' 복리후생은 휴가, 병가 및 휴일 시간 비용, 건강 보험, 퇴직 계획 및 고용주가 직원에게 제공하는 기타 모든 혜택을 포함할 수 있습니다. 필수 및 관습적인 비용은 직원들이 건축주의 프로젝트를 위해 일하는 모든 시간

에 대해 직원들의 실제 비용에 추가됩니다. 실제 금액은 기업마다 다르지만, 복리후생비는 통상 실제 급여 비용에 25~40%를 추가합니다. 급여에 복리후생비를 더한 시간당 단가를 직접 인건비Direct Personnel Expense, DPE라고 합니다. 우리는 아직 안 끝났습니다. 기업은 DPE에 설명된 대로 직접 고객 업무를 수행하는 직원의 직접 비용 외에 비즈니스 수행에 필요한 기타 간접비overhead, OH를 DPE에 추가해야 합니다. 간접비에는 사무실 임대료, 전화, 가구, 컴퓨터, 소프트웨어, 복사기, 스캐너, 프린터, 플로터 및 기타 장비뿐만 아니라 지원 인력 시간(직접 프로젝트 업무를 수행하지 않는 비서 및 행정 보조)이 포함됩니다. 마지막으로, DPE와 OH(일반적으로 DPE와 거의 동일) 외에 시간당 단가에는 회사의 이익이 포함되어야 하며, 이는 회사의 목표와 시장에 따라 결정됩니다. 그림 6.5는 이 방법에 기초한 명세서 예시입니다.

이 모든 구성 요소의 합계가 DPE의 최종 배수가 되어, 고객에게 청구되는 직원당 실제 단가가 산출됩니다. 일반적으로 최종 시간당 단가는 DPE의 2.0배에서 3.0배 사이일 수 있습니다. 예를 들면 다음과 같습니다.

Jane Doe의 급여	시간당 20달러(약 42,000달러/년)
기업에 대한 복리후생비 비율	35%
Jane Doe의 시간당 복리후생비	35% × 시간당 20달러 = 시간당 7달러
Jane Doe를 위한 DPE	시간당 27달러
기업의 간접비	DPE의 110%
Jane Doe의 간접비	110% × 시간당 27달러 = 시간당 29.7달러
DPE+Jane Doe에 대한 간접비	27달러 + 29.7달러 = 56.7달러
기업 이익	DPE의 15% + OH
Jane Doe에 대한 수익	15% × 56.70달러 = 시간당 8.50달러
Jane Doe에 대한 청구요율	시간당 56.7달러 + 시간당 8.50달러 = 시간당 65.20달러

Fees for Architects' Services

TO	프로젝트명:
Robin Clark Director of Highways King County Highway Dept. Seattle, WA	Expressway Overpass Improvements #0515

명 세 서

2006년 6월 1일부터 6월 30일까지의 전문 서비스

전문 서비스에 대한 대가

표준 서비스

	시간당 단가	시간	대가
Dianne Robertson	$38/hr	17	$646.00
Chris McPearson	$32/hr	25	$800.00
Richard Baldisconi	$21/hr	98	$2,058.00
총 인건비:			$3,504.00
총 직접 인건비 (인건비 + 32%)=			$4,625.28
간접비 및 이익 (직접 인건비 + 135%)=			$10,869.41
본 명세서에 따른 총 납입금액:			$10,869.41

납부 기일 : 2006년 7월 15일

June 30, 2006

www.alenhallarch.com

6.5 '요율'의 시스템을 기반으로 한 전문적인 건축 서비스에 대한 명세서 예시

　　요율 청구 방법을 설명하는 것이 저만큼 이해하기 어렵다면, 이 방법이 경험 없는 건축주가 이해하기 어려운 이유와 많은 건축사가 고객이 요구하는 경우가 아니면 사용하지 않는 이유를 알 수 있습니다. 고객들의 시선이 흐려지고, 그들은 분명히 당신을 미치광이라고 생각합

니다. 우리의 실무 초창기에는, 이해하려고 노력한 소수의 사람들은 제가 대답할 수 없는(또는 하고 싶지 않은) 질문들을 했습니다. 왜 그렇게 많은 휴가를 줬나요? 르 코르뷔지에의 생일이 정말로 유급 휴일이 되어야 하는가요? 어떻게 우리가 그 정도의 이익에 도달했을까요? 그래서 가능할 때마다, 우리는 세계의 다른 곳에서 하는 것처럼 청구합니다. 샐리Sally는 시간당 얼마를, 짐Jim은 시간당 얼마를 청구합니다. 그럼에도 불구하고, 여러분은 세상을 바꾸는 프로젝트를 진행하는 거대한 고객들을 위해 요율 방식을 이해해야 합니다.

시간당 부과 방식으로 청구할 때, 부과될 수 있는 한도액, 즉 상한 또는 최대금액이 있습니까? 아니면 그 대가는 무제한인가요? 건설비용 백분율 및 고정대가 방식과 마찬가지로 한도액a cap은 계약서에 명확하게 정의된 서비스 범위와 관련되어야 합니다. 건축사가 예상보다 더 많은 서비스를 제공하여 발생하는 손실에 대한 노출을 줄이는 명백한 범위 제한이 있더라도, 건설비용 백분율 그리고 고정대가 방식처럼 매우 효율적으로 작업을 수행할 수 있다면, 더 큰 수익을 낼 수 있는 상승효과는 없습니다. 최대 한도액이 있는 시간당 부과 방식은 "당신이 이기고, 내가 지는" 제안입니다. 건축사는 일이 순조롭게 진행되지 않으면 불이익을 받지만, 순조롭게 진행되어도 보상받지 못합니다.

최대 한도액이 없는 시간당 부과 방식은 여러 면에서 건축사에게 가장 공정한 약정입니다. 건축사도 건축주도 큰 도박을 하고 있지 않습니다. 어느 쪽도 큰 승패가 나지 않습니다. 많은 다른 전문가들이 이러한 방식으로 보상을 받지만, 많은 건축주는 예측 가능성이 부족해지고 비용이 상당히 증가할 수 있으므로 이 방식을 불편해합니다. 좋은 건축 설계는 경험이 없는 고객이 기대하는 것보다 더 많은 시간이 요구됩니다. 이 약정의 한 가지 장점은 건축사의 리스크를 줄이는 것 외에도, 건축주들이 건축사의 시간을 더욱 존중하게 만드는 측면이 있습니다.

상한선이 없는 시간당 부과 방식은 정해진 서비스 범위가 필요하지 않은 유일한 방법이며, 이러한 이유로 종종 프로젝트의 시작 단계, 그 범위가 여전히 탐색되는 시점 또는 예상치 못한 상황이 예상되는 프로젝트에 가장 적절합니다.

모든 프로젝트 또는 주어진 프로젝트의 모든 단계에 대해 가장 최선인 하나의 청구 방법만이 있지 않은 것은 분명합니다. 더 탐색적이고 독특한 프로젝트, 더 특이한 프로그램이나 기대치가 높은 프로젝트의 경우는 상한선 없는 시간당 부과 방식이 더 유연한 방식이며 더 적절할 수 있습니다. 또한 실시설계와 같은 건축사 업무의 일부 단계는 건축사에 의해 잘 관리되고 미리 정해진 대가로 합리적으로 수행될 수 있지만, 다른 단계의 경우 시간당 부과 방식은 설계 및 사후설계관리 중 예측 불가능한 상황을 대처하는 데 바람직한 방법이 될 수 있습니다. 예를 들어, 낮은 입찰자는 프로젝트를 원활하게 수행하는 데 있어 경험이 적은 또는 덜 유능한 직원을 제공함으로써 낮은 입찰자가 될 수 있으며, 따라서 건설비용 백분율에 따라 더 낮은 대가로 건축사에게 더 많은 작업을 유발할 수 있습니다.

건축사의 업무 중 일부는 꽤 일상적이지만, 일부는 영감과 높은 수준의 창의력이 필요합니다. 이 모든 시간이 같은 대가로 청구되어야 할까요? 만약 모든 일, 건축사, 그리고 건축주들이 동일하다면, 아마도 완벽하게 진화된 대가 방식은 단 하나일 것입니다. 하지만 모두 다르므로(세상이 완벽하지 않다는 것은 말할 것도 없고), 많은 대안과 조합이 존재합니다. 이 세 가지 기본적인 방법은 건축주를 대신하여 자금, 시간, 에너지 및 토지라는 건축주의 자원을 현명하게 활용·보존·보호하며, 건축사의 기술, 경험, 노력 및 리스크에 대해 공정하게 보상하는 서비스를 제공하는 적절한 대가 약정을 만들기 위한 좋은 시작점입니다. 많은 경우, 건축사의 대가를 조금 더 지출하면 건축주는 다른 비용을 훨씬 더 절약할 수 있습니다.

Other Methods of Compensation
기타 대가 산정 방법

위에 설명된 세 가지 지급 방법이 표준이지만, 일부 대안은 고려할 가치가 있습니다. 건축사에게 더 적은 선불금을 지급하는 대신 나중에 건축주의 수익 일부를 공유하는 방식입니다. 한 가지 약정은 건축사가 프로젝트에서 지분 또는 소유권 지분을 가져옴으로써 일부(또는 모든 대가)를 받을 것을 요구합니다. 임대 상업 공간과 같은 대형 프로젝트에서 건축사는 일회성 대가가 아닌 임대 수익 지분으로 장기적인 수익 흐름을 얻을 수 있습니다. 맞춤 주택과 같은 주거용 건축주–사용자 프로젝트에서 건축사의 제한된 소유 지분은 부동산을 처음(또는 매번) 판매할 때 수익을 발생시킬 수 있습니다. 건축사의 지분은 자본이득(부동산의 가치 증가 또는 토지와 주택의 원가를 뺀 판매가격)의 백분율일 수 있습니다. 음악가나 작가의 로열티와 유사한 또 다른 약정은 건축사에게 건물의 사용에 대한 대가를 지속적으로 지불하도록 요구합니다.

이러한 대안은 잠재적으로 골치 아픈 이해충돌 문제를 야기할 수 있습니다. 예를 들어, 건설하는 동안 건축사는 계약을 관리하는 데 있어 건축주와 시공자 사이에 공평할 것으로 기대됩니다. 건축사가 사실상 부분적으로 건축주인 경우, 공정성이 손상될 수 있습니다. 충분한 고려와 개방성, 투명성만 있다면 이러한 갈등은 해결될 수 있습니다.

Change in Scope of Services
서비스 범위 변경

앞서 언급한 바와 같이, 상한선이 없는 대가 산정방법이 아닌 경우에는 건축사가 그 대가에 대해 제공해야 하는 것이 명확하게 정의된 서비스 범위와 관련되어야 합니다. 건축사가 다른 서비스를 제공해야 하는 경우, 이러한 서비스 범위 변경은 서비스에 대한 대가 청구 방법과 함께 건축주/건축사 계약서에 기술됩니다. 일반적인 방법은 시간당 부과 방식(그림 6.6 참조)이지만, 서비스가 필요할 때 다른 방식을 지정할 수 있습니다. 많은 계약은 건축사가 서비스를 제공하기 전에 추가 대가에 대한 건축주의 서면 동의를 요구합니다. 어떤 계약들은 단순히 건축사가 그러한 서비스가 필요하다는 것을 건축주에게 통지하도록 요구하고, 건축주가 즉시 서면으로 반대하지 않는 한 건축주는 그 비용을 지급할 것을 요구합니다. 이러한 다양한 계약 조항들의 공통점은 **사전 통보**prior notification 입니다. 건축주에게 알리지 않으면 추가 서비스에 대한 대가를 징수하기가 더 어려워집니다. 적절한 경고: 서비스 범위의 특정 변경을 제공하기 전에 이러한 서비스가 표준 서비스 패키지의 일부가 아님을 건축주에게 알리지 않는다면, 돈을 받는 데 어려움을 겪을 수 있습니다.

Martinez Architecture & Design

명 세 서

Blaire Brooke
Director of Operations
Central Hotels, Inc.
1 Center Place
Dallas, TX

프로젝트명:
New Hotel
#0519

2006년 5월 1일부터 5월 31일까지의 전문 서비스:

전문 서비스에 대한 대가:
표준 서비스: 75만 달러의 합의된 고정 대가에 기반함

단계별 작업	단계별 작업 대가(계약서)	현재까지 완료된 단계별 작업 공정	현재까지 단계에 대한 대가	현재까지 단계에 대한 대가	현재까지 단계에 대한 대가
Schematic Design	$90,000	100%	$90,000	$90,000	$0.00
Design Development	$110,000	90%	$99,000	$92,500	$6,500.00
Consruction Documents	$275,000	40%	$110,000	$21,250	$88,750.00
Bidding & Negotiations	$30,000	10%	$3,000	$0	$3,000.00
Construction Admin	$245,000	0%	$0	$0	$0.00
Total Standard Services	**$750,000**	**40.93%**	**$307,000**	**$203,750**	**$98,250.00**

이 기간 서비스 범위 변경: 시간당 부과: 리셉션 영역 설계 변경

파트너
Dakota Martinez, FAIA   3.00 hrs @ $200.00/hr $600.00

수석 디자이너
Courtney Smith   18.00 hrs @ $115.00/hr $2,070.00

디자이너
Jane Cox   9.00 hrs @ $95.00/hr $855.00

부가된 총 대가 $3,525.00

이 기간 환급될 지출비용 (첨부된 내역서 참고)

복사비/배송비용 $1,413.00
건축부서 컨설턴트 비용 $2,000.00
환급 총 지출비용: $3,413.00

금번 명세서 총 납입금액: $105,188.00
납부 기일 : 2006년 6월 15일
May 31, 2006

323 Ross Avenue Dallas TX 75202 (214) 444 5566 (214) 444 5577

6.6 표준 서비스에 대한 고정대가가 부과되는 프로젝트의 전문 서비스에 대한 명세서 샘플. 서비스 범위 변경에 대한 대가는 시간당 부과하는 요금에 따라 결정된다. 상환 가능한 비용은 동일 명세서에 포함되어 있다.

상한선이 없는 시간당 대가를 부과하는 방법으로 작업하는 경우 표준 서비스 대 서비스 범위의 변경 문제는 전혀 발생하지 않습니다. 필요한 모든 서비스를 수행하고 해당 서비스에 대한 대가를 청구합니다(그림 6.4 또는 6.5).

Reimbursable Expenses
상환 가능한 비용

이 시점까지 논의된 모든 대가는 표준 서비스에 대한 건축사 대가의 일부로 건축사가 보유하는 건축사사무소의 직원 및 엔지니어가 제공하는 서비스에 대한 것입니다. 여기에는 일반적으로 구조 및 기계·전기·배관·스프링클러 엔지니어링 서비스를 포함합니다. 상환 가능한 비용 reimbursable expenses, 즉 전문 서비스 수행과 관련된 항목에 대해 건축사가 다른 사람에게 직접 지출한 비용은 포함되지 않습니다. 상환 가능한 비용에는 복사 비용(대형 복사, 플로팅, 복사 및 기타 그래픽 서비스), 프로젝트와 관련된 우편료 및 배송비, 여행 및 숙박비, 특별 컨설턴트(예: 위에서 설명한 일반 엔지니어 대가를 초과하는 엔지니어 또는 기타 컨설턴트)가 포함되며 특수 렌더링, 홍보 또는 마케팅 자료 또는 모형 제작 비용도 포함됩니다. 일부 기업은 관리 비용을 충당하기 위해 이러한 품목에 대해 추가 마크업[1]을 부과합니다(그림 6.7 참조).

명 세 서

2006년 11월 1일부터 11월 30일까지의 기간

www.lma.pro

TO	프로젝트 명	DATE
Drew Jones, CFO	New Offices	November 30, 2006
Cactus Flower Insurance Co.	C.F.I.	
1 W Van Buren St	#0605	
Phoenix, AZ		

전문 서비스에 대한 대가

총 수수료: 17만 달러

단계별 작업	전체 대가 대비 단계별 작업 비율	단계별 작업 대가	현재까지 완료된 단계별 대가	현재까지 지급해야 할 대가 백분율	현재까지 지급 해야 할 대가
계획설계	15%	$25,500	95%	14.25%	$24,225.00
중간설계	20%	$34,000	65%	13%	$22,100.00
실시설계	40%	$68,000	10%	4%	$6,800.00
입찰 및 협상	5%	$8,500	0%	0%	$0.00
사후설계관리	20%	$34,000	0%	0%	$0.00
합계	100%	$170,000		31.25%	$53,125.00
현재까지 지불된 금액, 초기 지불액 불포함(최종 명세서에서 입금될 예정임)					$16,550.00
이 기간 표준 서비스에 대한 대가 총액					$36,550.00

상환 가능한 비용

외부 출력:

"프린스 오브 프린츠"

2006년 11월 15일	청구서 번호: 98907	$428.00	$428.00
2006년 11월 19일	청구서 번호: 99112	$219.00	$219.00

더 바인더리

2006년 11월 24일	청구서 번호: 107302	$52.00	$52.00

In-House Reprographics:		
Xeroxes	157 @ $.25/copy =	$39.25
Plotting	273 sf @ $1.75 sf =	$477.75
이 기간까지 상환 가능한 비용		$1,216.00
관리비용 10%	:	$121.60
이 기간 환급될 총 지불비용		$1,337.60

총 납부 금액, 대가와 상환 가능한 비용:	$37,887.60

Payment Due by December 15, 2006

6.7 정해진 단가 기준으로 대가가 결정되는 전문 서비스용 명세서 샘플(이 경우 임대 가능 평방피트당 4달러). 상환 가능한 비용은 명세서에 마크업 또는 관리비와 함께 포함된다.

미주 ─────────────────────

[1] 직접비에 간접비와 이익을 계산하여 직접비에 추가하는 비율을 시공자 마크업(markup)이라고 한다.

건축주/건축사 계약서상의
비즈니스 용어

Business Terms of Owner/Architect Agreements

건축주/건축사 계약서상의
비즈니스 용어
Business Terms of Owner/Architect Agreements

앞의 두 장에서는 건축주/건축사 계약의 두 가지 주요 사안인 서비스와 대가에 대해서 다루었습니다. 이번 장에서는 프로젝트 매개변수, 서비스 문서 및 저작권법, 분쟁 해결, 간접손해, 홍보 및 사진의 권리, 시기적절한 지급, 초기 지급 등 7가지 다른 주제들을 다루고자 합니다.

Project Parameters
프로젝트 매개변수

프로젝트의 모든 중요한 매개변수는 계약서의 시작 부분에 나열됩니다.

1. 당사자들(건축주와 건축사의 법적 이름, 주소 그리고 권한을 부여받은 건축주와 건축사의 대리인)

2. 최대한 자세하게 기술된 프로젝트 설명(이는 건축사와 건축주를 보호하는 것으로, 서비스 범위를 설정하여 추가 비용 또는 비용 절감에 해당하는 서비스 변경 사항들을 명확하게 하는 것입니다)

3. 프로젝트의 예산(역시, 건축주를 보호하기 위한 것입니다. 만약 합의된 건설 예산을 초과하여 모든 입찰이 들어오면, 건축사는 추가 비용 없이 도면을 수정해야 합니다)

4. 제안하는 프로젝트의 일정

5. 건축사가 고용할 컨설턴트들. 왜냐하면 이것은 건축주가 건축사로부터 '구매'하는 것의 일부분이기 때문입니다.

Instruments of Service and Copyright Law
서비스 문서 및 저작권법

건축사가 수행한 스케치, 도면, 프로젝트 설명서 및 기타 모든 작업물을 서비스 문서instruments of service[1]라고 통칭합니다. 대부분의 계약에서 이러한 서비스 도구는, 건축주의 프로젝트 건설과 같은 일회성 사용을 위해 제작되며, 건축사는 모든 작업 결과물에 대한 저작권을 완전히 소유하게 되어 있습니다. 건축주는 건축사에게 합의된 대가를 지급함으로써 그 문서들의 소유권이 아닌 그 문서들의 사용에 대한 권리를 얻을 수 있습니다. 건축주가 계약을 이행하지 못하는 경우(대개 지급해야 할 대가를 지급하지 않는 경우), 문서에 대한 소유권은 건축사에게 이 채무 불이행 문제를 해결하기 위한 강력한 구제책을 제공합니다. 그러나 일부 건축주는 건축사가 자신들에게 문서의 소유권을 넘길 것을 요구하기도 합니다.

계약서에 소유권이 보장되지 않거나 삭제되거나 언급되어 있지 않은 경우, 연방 저작권법에 따라 건축사를 보호합니다. 저작권법은 건축사의 도면과 실제 건물, 두 가지 모두를 보호하고 복제를 방지합니다. 1986년 이전에는 저작권이 단지 도면에만 적용되어, 누구든지 건물을 측정하고, 직접 도면을 그리고, 정확한 복제품을 만들어도 무방했습니다(무단침입은 제외). 하지만 이것은 더 이상 허용되지 않습니다.

이는 왜 중요할까요? 저희는 예전에 오랜 친구인 변호사를 위해 작은 마을에 집을 설계한 적이 있습니다. 건설 중에 개인적인 비극이 닥쳐, 시공자는 신경쇠약에 걸려 파산을 선언했으며, 우리 사무소와 건축주는 다른 건설업자를 찾기 위해 동분서주해야 했습니다. 집이 완공된 이후에, 한 여성분이 전화를 걸어 그 집이 매우 마음에 들어 똑같은 집을 짓고 싶다고 전했습니다(부엌 찬장 문의 열리는 방향만 뒤집고 싶다는 것을 제외하고는 말입니다!). 저는 제가 그 도면들을 소유하고 있으며, 그녀에게 팔 수 있다는 것을 알고 있었습니다. 하지만 저는 설계에 관여하고 자신의 집이 독특하다는 사실을 중요하게 여겼던 건축주와 그 요청에 대해 논의하고 싶었습니다. 저는 전화를 건 여성에게 그녀가 가진 부지와 요구 사항들이 우리 건축주와는 다를 것이기 때문에, 아마도 그녀에게 꼭 맞지는 않을 것이라고 설명하였습니다. 그러면서 그녀에게 더 적합한 설계를 하는 것에 대해, 기꺼이 의논할 생각이 있다는 것도 설명했습니다. 우리는 만나서 이야기하였지만, 그녀는 더 이상 이 일을 추진하지 않았습니다. 약 1년 후, 저희 건축주는 전화를 걸어온 그 여성이 이웃 마을에 자신의 집과 똑같은 집을 지었다는 것을 알고는 매우 화가 났습니다. 그 당시에는(이 이야기의 요점이 있습니다) 건물을 베끼는 것은 합법이었지만, 도면을 베끼는 것은 합법적이지 않았습니다. 제가 그녀가 저희의 도면을 사용하고 저작권을 침해했다는 것을 어떻게 알았을까요? 저는 그녀의 집을 보고 우리의 도면과 정확히 일치한다는 것을 알았습니다. 사실, 우리는 현장에서 약간의 조정을 했었기 때문에 우리 건축주의 집은 도면과 정확하게 일치하지 않았습니다. 하지만 그녀의 집은 정확히 일치했습니다! 그녀가 거주하고 있는 시의 건축부서에서 도면을 확인했을 때, 도면 용지의 간격과 특정 레이블링까지도 우리의 도면을 베낀 것이 분명했습니다. 비록 증거를 가지고 있었지만, 저희 건축주는 법정에 가지 않았습니다. 그는 바빴고 저도 마찬가지였습니다. 하지만 이것은 교훈적인 일화였습니다(저급한 재료와 기술을 통해 복제한 건물을 보는 것도 흥미로웠습니다. 이러한 '통제된 실험'은 건축에서는 거의 일어나지 않습니다. 품질이 진정한 차이를 만든다는 생생한 증거이기도 했습니다!).

우리는 1986년 저작권법이 도면 없이도 건물이 복제되는 것으로부터 선축사와 선축주를 보호할 수 있다는 것을 알게 되어 기뻤습니다.

Dispute Resolution
분쟁 해결

건축주와 건축사의 관계는 보통 상당한 기간에 걸쳐 이루어지며, 돈, 권력, 지위 등 삶의 더 논쟁적인 문제들과 관련이 됩니다. 이렇게 길고 구불구불한 여정에서 부딪히는 일이 생기는 것은 당연합니다. 가치, 목표 및 존중을 공유하는 반복적인 고객과 함께 일하는 것의 장점 중 하나는, 문제를 토론할 수 있고, 상호 만족스러운 해결을 할 수 있는 가능성이 커진다는 점입니다. 이 해결책은 어느 쪽의 당사자에게도 완벽하지 않을 수 있지만, 모두를 위한 상생 방안이 될 수 있습니다. 문제가 생겼을 경우 건축주에게 솔직하고 공정하게 임하며, 숨기지 않고 가능한 한 신속하게 대처하고(이러한 문제들은 고급 포도주와는 다릅니다. 시간이 갈수록 개선되는 경우는 거의 없습니다), 문제의 영향을 줄이기 위해 할 수 있는 일을 다 할 때 최대한 피할 수 있습니다. 문제를 해결하지 못하는 데는 경제적, 심적, 그리고 경력적으로 막대한 비용이 들기 때문에, 문제를 해결하는 것에 큰 노력(때로는 자존심과 돈까지)을 들이는 것은 가치가 있습니다.

예전에 지었던 사무실 건물 2층 뒤쪽에 큰 데크가 있었는데, 그 데크를 통해 1층 공간으로 누수가 생겼습니다. 우리는 고객에게 몇 가지 수리 방법을 제안했지만, 고객에게 고소당할 때까지 아무런 말도 듣지 못했습니다. 여기에서 배운 교훈은, 고객에게 문제가 발생하여 해결방안을 제안할 때, 꼭 후속 조치를 취하고 당신의 제안으로 문제가 해결되었는지 확인하라는 것입니다. 그렇지 않은 경우, 문제가 해결될 때까지 고객과 협력하길 바랍니다. 이 고객의 해결책은 약 30만 달러의 예상 비용을 들여 데크를 제거하고 처음부터 다시 시공하는 것이었습니다. 하지만 소송이 여러 가지 방법으로 부적절하게 제기되었기 때문에(10장에서 더 자세히 설명하겠습니다) 소송을 일시 중단하고 고객과 시공자와 이 문제에 대해서 논의할 수 있었습니다. 데크 설치의 일부가 도면대로 시공되지 않았을 수 있지만, 고객 역시 데크의 배수구를 제대로 관리하지 않아 배수구가 막혔을 가능성이 있는 것으로 드러났습니다. 우리는 건축주와 시공자, 지붕 하청업체를 설득하여 이 부분적인 수리를 우리와 동등하게 분담하도록 할 수 있었습니다. 비용은 단지 12,000달러였으며, 이것으로도 해결되지 않는다면 모두가 서로를 다시 고소할 수 있다는 것을 이해했습니다. 다행히도 이 간단한 방법이 잘 통해 우리는 우리의 분담금인 3,000달러를 지불하고 큰 소송 없이 문제를 해결할 수 있었습니다. 소송이 없는 것은 항상 선호하는 결과입니다.

우리는 소송이나 중재에서 전문가로서의 증인으로 활동해왔습니다. 저는 그 소송들에서 원고나 피고 중 어느 한쪽이 되는 직접적인 고통을 겪어보지는 않았습니다. 하지만 당사자들이 충분히 보험에 가입되어 있음에도 불구하고, 저는 그들이 소송을 준비하기 위해 들인 시간과 정신적 고통을 목격했습니다.

특히 애초에 맡지 말았어야 할 고객들(저의 아버지께서 말씀하셨듯이, "개와 함께 잠자리에 들면 벼룩과 함께 잠에서 깨어난다")과 당신은 의견 차이를 우호적으로 해결하기 힘들 것이며, 다른 방법으로 해결해야만 합니다. 서면 합의기 없거나 건축주/건축시 계약서기 분쟁 해결 방법에 대해 침묵하는 경우, 일반적으로 법원은 배심원 앞이나 판사 바로 앞에서 이러한 문제를 해결할 수 있는 통상적인 장소가 됩니다.

많은 표준 건축주/건축사 계약서는 다른 분쟁 해결 방법에 대해서도 고려합니다. 미국중재협회American Arbitration Association, AAA는 건설 분쟁을 처리하기 위해 설립된 전담 부서를 가지고 있습니다. 첫 번째 단계는 구속력이 없는 조정nonbinding mediation이 될 수 있는데, 양 당사자는 미국중재협회가 제공한 조정자를 만나 분쟁에 대한 그들의 입장을 밝힙니다. 두 당사자 모두 변호사와 함께 참석할 수 있는데, 그 설정과 과정은 법원 심리의 엄격한 규칙과 절차가 없는, 비공식적인 성격입니다. 조정자는 첫 발표가 끝난 뒤 보통 양측을 별도의 방에 두고 왕복하면서 공통점을 찾고 절충안을 마련하려 합니다. 숙련된 조정자는 각 측의 주장의 약점과 취약점을 지적함으로써 양측을 부드러워지게 할 수 있습니다. '구속력이 없다'는 의미는 양측이 합의에 동의하지 않을 경우, 어느 쪽이든 건축주/건축사 계약서에 따라 다음 단계로 넘어갈 수 있다는 것을 의미합니다.

두 번째 단계는, 역시 미국중재협회에 의해 마련된 구속력 있는 중재 binding arbitration가 될 수 있습니다. 중재자 한 명 또는 중재자 3명 및 5명으로 구성되는 패널은 양측의 논쟁을 듣고 증거를 살펴본 후 논쟁 중인 각 요점에 대한 판결을 내립니다. 일단 중재자나 중재자들이 판결을 내리면, 사기가 입증되지 않는 한 어느 쪽도 그 판결에 항소할 수 없습니다. 중재는 조정과 마찬가지로 비공식적이라는 장점이 있습니다. 중재의 규칙은 경직되어 있지 않습니다. 조정과 중재는, 그 대안 방법인 법원보다 더 빠르고 적은 비용으로 분쟁을 해결할 수 있습니다. 중재자는 건설 문제에 있어서 전문가일 가능성이 크므로 복잡한 사안에 관련된 배심원보다는 많은 전문적 지식을 바탕으로(감정적이지 않게) 더 잘 처리할 수 있습니다. 중재는 사적인 성격이 강하며, 부당하게 기소된 전문가에게 유리합니다(어떤 사람들은 어떤 식으로든 알려지는 것을 좋아하지만 합리적인 전문가들은 대중 매체를 통해 재판 받는 것을 선호하지 않습니다).

분쟁이 법정에서 해결되든, 조정/중재로 해결되든, 건축주/건축사 계약서에서 분쟁 해결 조항은 일반적으로 공동소송joinder을 금지합니다. 이것이 의미하는 것은, 한 당사자(보통 건축주)가 허락(그것은 거의 주어지지 않는 것입니다) 없이 다른 두 당사자(일반적으로 건축사와 시공자)를 한꺼번에 고소할 수 없다는 것입니다. 공동소송이 중요하다는 것을, 제가 설계오류design error와 시공오류construction error의 차이, 그리고 각각에 대한 책임이 누구에게 있는지에 대해서 논하는 10장에서 볼 수 있을 것입니다.

법정에서 분쟁을 해결하는 것이 낫습니까, 아니면 조정과 중재로 해결하는 것이 낫습니까? 건축사와 아마도 가장 가까운 이해관계를 가진, 건축사의 직업적 책임을 다루는 보험회사는 이에 대한 강한 선호도가 없습니다.

제가 볼 때 조정이나 중재, 법원에 가야 하는 상황이면 이미 '패한 것'이지만, 소송이 불가피할 때도 있습니다.

Consequential Damages
간접손해

간접손해는 한 당사자의 잘못으로 인한 간접적인 손실을 말합니다. 예를 들어, 한 건축사가 지붕을 부적절하게 설계하여 지붕에서 누수가 일어나고 우연히 바로 아래에 걸려 있는 피카소의 수채화 그림이 손상되었습니다. 만약 건축주/건축사 계약에서 간접손해가 면제되었다면 건축사는 누수 지붕만을 수리할 책임이 있습니다. 만약 간접손해를 면제받지 못한다면 건축사는 누수 지붕을 수리하고 파손된 피카소 그림 비용까지 지급해야 합니다. 만약 건축주의 연체로 인해 건축사가 사무실 임대료를 제때 지급할 수 없는 경우, 임대인이 부과하는 연체료는 간접손해가 될 것입니다. 따라서 양측 모두에게 간접손해에 관한 것을 면제하는 것이 좋은 생각이며, 이는 문제가 생길 시에 허위 청구를 확실하게 방지할 수 있도록 해줍니다.

Publicity and Photographic Rights

홍보 및 사진 저작권

건축사의 보수에는 서비스 대가 이외에도 포트폴리오를 위한 멋진 프로젝트 사진을 얻는 것, 미래 일을 확보하는 데 도움이 될 수 있는 출판물, 역시 미래 일을 가져올 수 있는 공모전 참가 등의 특전이 포함될 수 있습니다. 사진, 홍보 및 상에 대한 권리는 건축주/건축사 계약서에 포함되어야 합니다. 건축주는 원하는 경우 자신의 이름을 보호할 권리가 있어야 합니다. 건축사도 마찬가지입니다("네?" 당신이 말하는 것을 들을 수 있습니다. 글쎄요, 만약 고객이 건물을 촌스러운 색으로 칠했거나, 방치하여 악화시켰거나, 싸구려 변경을 가했다면, 당신의 사무소가 그 건물 대한 인정을 받길 원하십니까? 만약 당신이 설계한 집 여러 채가 동시 판매를 위해 광고되는 경우, 당신의 잠재 고객이 당신이 설계한 집을 아무도 갖고 싶어 하지 않는다는 그런 생각을 하길 원하십니까? 당신의 명성을 어느 정도 관리하시길 바랍니다).

시기적절한 지급

실제로 고객에게 돈을 빌려주거나 그들을 위해 '은행' 업무를 할 수 있는 위치에 있는 건축사는 거의 없습니다. 그러므로 건축사는 신속하게 서비스를 제공하고, 정기적으로(보통 매월) 그리고 신속하게 청구해야 하며, 신속하게 대가를 받아야 합니다. 고객에게 미리 알리고, 당신의 방침이 고객에게 적합한지 확인하시기 바랍니다. 계약서에는 건축사에게 지급해야 할 대금이 서비스 명세서 제출 후 X일 이내에 지급되어야 하며, 만약 지급되지 않을 경우(건축사에 의한 계약 종료의 기본적인 원인) 서비스가 중단될 것이고, 이로 인한 지연 및 비용에 대해서 건축사가 책임을 지지 않으며, 그리고 재개되는 경우 추가 비용이 발생하고 연체 이자와 연체 수수료가 부과된다는 내용이 명확히 명시되어 있어야 합니다. 만약 고객이 제때 지급하지 않는다면, 그에 맞춰 행동하시기 바랍니다. 전화, 인터넷 통신 회사는 고객의 결제 없이는 서비스를 제공하지 않습니다. 건축사들도 마찬가지이어야 합니다.

초기 지급

건축주/건축사 계약서에 서명할 시, 합의된 최소 초기 지급initial minimum payment이 수반되어야 하며, 이는 건축사 서비스의 최종 명세서에서 건축주의 계좌로 입금되어야 합니다.

이러한 약정은 건축사가 프로젝트의 작업 시작 시점에서부터 실제로 그 비용을 변제받는 시점(일반적으로 4~8주 후에) 사이에 생기는 비용을 충당하기 위해 사무소의 예비비를 사용하는 대신 건축주의 자본을 통해 프로젝트의 일정 기간을 진행할 수 있게 합니다. 초기 지급은 보호의 역할도 합니다. 수수료 분쟁이 생기는 경우, 건축사는 분쟁 항목을 충당하기 위한 건축주의 자금 일부를 가지고 있게 됩니다.

미주 ────────────────────────────────

[1]   Instruments of Service는 건축사가 건축주를 위해 준비한 다양한 문서 형태의 작업 결과물을 의미하며, 미국에서는 저작권법에 따라 법적으로 보호받는다.

건축주/시공자 계약서 및 시공자의 서비스

Owner/Contractor Agreements and Contractors' Services

건축주/시공자 계약서 및 시공자의 서비스

Owner/Contractor Agreements and Contractors' Services

이번 장은 건축주와 시공자 사이의 계약 형식과 서비스에 대해서 건축사의 관점이 아닌 그들의 관점에서 다룹니다. 이때 관련된 책임과 의무는 분명히 두 개의 계약(건축주/시공자 그리고 건축주/건축사 계약) 사이에서 조정되어야 하며 세 당사자 모두의 행동을 다루도록 해야 합니다.

프로젝트 매뉴얼의 앞부분front end에 대한 논의에서(5장 참조), 각 시공자에게 발송되는 입찰 패키지에는 건축주와 시공자 간의 제안하는 계약서 양식과 일반조건, 추가조건이 포함되어 있어 입찰을 준비하는 시공자가 어떠한 약관과 조건 아래 어떠한 서비스를 제공하는 것인지 알 수 있도록 해야 한다고 제안하였습니다. 이러한 사안들은 시공자의 작업 비용과 리스크 모두 명확히 하는 데 도움이 됩니다. 계약 관리 단계에 대한 논의에서, 저는 건축사가 프로젝트가 건설되는 동안 건축주에게 제공하는 서비스에 대하여 설명하였습니다.

계약서 양식

건축주/건축사 계약과 마찬가지로 건축주/시공자 계약의 적절한 형식은 프로젝트의 규모와 복잡성, 그리고 건축주, 시공자 및 건축사의 특성에 따라 달라집니다. AIA A101 건축주/시공자 계약서(계약서에 빈칸을 채우는 방식)와 AIA A201 일반조건(계약의 일반조건)은 함께 작동하며 AIA B101 건축주/건축사 계약서와 동일한 이점을 가지고 있습니다. 이 계약서들은 법원 결정 및 실무의 변화를 반영하기 위해 법원에서 시험되고, 정제, 개정되어 최신을 유지하고 관련성이 있도록 하고 있습니다. 계약서들은 서로 간에 신중하게 조정되므로 당사자들 간의 의무, 권리 및 구제책은 건축주/건축사 계약과 건축주/시공자 계약 간에 일관성이 유지됩니다. 계약서는 일반적으로 모든 당사자에게 공정한 것으로 간주됩니다. 이러한 속성 덕분에 이 문서를 산업 표준으로 만듭니다.

매우 작은 프로젝트의 경우 단순한 형태의 건축주/시공자 계약서가 적합할 수 있습니다. 규모가 크고 세밀한 건축주는 자체적인 표준 계약서를 갖고 있을 수 있으며 그 문서를 사용할 것을 요구할 수 있습니다. 매우 복잡하고, 여러 단계의 시공이 요구되는 또는 패스트트랙 방식으로 수행되는 일들은 또 다른 형식의 계약서를 필요로 합니다.

설계-입찰-시공 프로젝트에 대한 표준 AIA A101/201 계약은 정액 일괄발주계약stipulated sum sole prime general contract입니다. '정액'은 계약문서에 명확하게 명시된 작업이 합의된 고정 금액으로 수행되고 있음을 의미합니다. 결과적으로 시공자에게 든 비용은 시공자의 사정일 뿐입니다. 만약 시공자가 이 일에서 돈을 벌게 되면, 건축주는 그만큼의 환불을 요구할 수 없습니다. 마찬가지로 만약 시공자가 돈을 잃었다고 건축주에게 추가적으로 비용을 청구할 수 없습니다. '일괄발주sole prime'는 건축주가 모든 작업에 대해 하나의 계약을 체결하는 것을 의미합니다. 이와 같은 계약이 '일반 계약'입니다.

이러한 기본적인 합의 또는 계약서('합의'가 '계약서'보다 훨씬 우호적이고 협력적이며 논쟁의 여지가 적은 것처럼 들립니다. 아닌가요?), 즉 AIA A101과 같은 계약서에는, 계약 당사자들(건축주와 시공자)의 이름과 주소, 건축사의 이름과 주소, 프로젝트에 대한 설명, 계약 총액(모든 작업에 대한 기본 금액), 단가와 대안 및 충당금, 일정, 특별 조건, 그리고 계약문서를 구성하는 나머지 모든 문서의 목록을 포함합니다. 각 문서는 원래 날짜 및 최신 개정 날짜와 함께 이름별로 나열됩니다. 이 문서는 수시로 수정 및 보완이 이루어지기 때문에 명시된 계약 총액과 관련된 작업을 설명하는 문서 버전을 아는 것이 중요합니다. 작업이 변경됨에 따라 계약총액도 변경되므로, 기준선을 형성하기 위해서는 각 문서의 구체적인 원래의 날짜와 수정 날짜가 필요합니다. 계약 문서에는 기본 계약서, 일반조건, 추가조건 외에도 통상 설계도면, 프로젝트 매뉴얼, 입찰 기간 중 발행된 입찰부록 등이 포함됩니다.

계약 이행을 위한 규칙은 일반조건(A201)에 명시되어 있는데, 여기에는 계약의 주체가 해야 할 일뿐만 아니라, 계약의 주체가 '구제책'이라고 하는, 즉 해야 할 일을 하지 않을 경우 무엇을 해야 하는지도 포함합니다. AIA A201 일반조건이 표준 양식이지만, AIA는 다른 변형된 프로젝트 수행 방식에 따라 약간 다른 버전 또한 제공하며, 그중 일부는 4장에 설명되어 있습니다. 연방정부 프로젝트, 분할발주 계약, 단계적 시공, 인테리어 프로젝트, 시공자가 일반적으로 하는 작업과는 다른 작업('변경된 책임' 계약)들이 그것입니다.

계약서 작성 경험이 있는 건축사는 AIA A101과 같은 서식에 빈칸을 채우고 프로젝트에 관한 특별 조항을 추가함으로써 프로젝트에 대한 건축주/시공자 계약의 초안을 준비할 수 있습니다. 건설 관련 계약법과 사안들의 전문가인 건축주나 시공자 측 변호사(아무리 신뢰하거나 능력이 있더라도 일반적인 가족 또는 회사 변호사가 되는 경우는 드뭅니다)는 특히 표준 계약서 양식이 대폭 수정되거나 프로젝트가 비정상적인 조건이나 요구 사항을 가지고 있는 경우, 전체 계약서를 검토해야 합니다. 이러한 법률 검토 작업은 건축주와 시공자가 비용을 지급합니다. 건축사가 이러한 계약에 익숙하지 않다면, 건축주의 건설 변호사가 앞장서도록 해야 합니다.

다음 페이지에는 AIA A201과 같은 계약서의 일반조건 부분에 있는 기본적인 사안들 일부가 요약되어 있고, 여기에는 시공자가 건설 작업을 수행할 때의 약관과 조건들을 설명합니다. 다시 말하지만, 건설에 사용되는 계약과 조건들에는 다른 많은 형식이 있습니다.

General Provisions
일반조항

계약서의 표준 일반조건 부분 중 일반조항 부분은, 전체 계약에 적용되는 몇 가지 개념을 포함합니다.

1. 계약문서contract documents란 최초 서명 시 계약서에 나열된 것과 나중에 추가될 수 있는 기타사항(변경명령서, 관련 도면 및 시

방서 등과 같은)으로 정의됩니다. 모든 당사자가 동의한다면, 나중에 추가되는 사항도 처음부터 포함된 항목처럼 계약문서의 일부가 될 수 있습니다.

2. 작업이나 요구 조건이 한 곳에서 명시되거나 기술된 경우, 연관 성과 의도성이라는 개념에 따라 모든 곳에서 언급된 것으로 설정합니다. 예를 들어, 화장실 입구 도면에는 대리석 문턱이 표시되어 있지만, 프로젝트 매뉴얼에는 돌이나 대리석에 대해서 기술 영역이 없는 경우에도 시공자는 대리석 문턱을 제공할 의무가 있습니다. 연관성과 의도성은 반복적이지 않고 간결한 계약문서를 작성하는 데 도움이 됩니다.

3. 도면과 정보의 구성은 시공자가 특정 공사 부분을 수행하기 위해 누구를 관여시켜야 하는지를 결정하지 않습니다. 예를 들어, 건축 목공공사(가구공사)를 주로 보여주는 도면에 일부 세라믹 타일 작업을 포함시킨다고 해서, 당신은 목공이 타일 작업을 수행해야 한다는 것을 제안하는 의미는 아닙니다. 어떤 하도급자 또는 숙련공이 그 공사를 수행하느냐 하는 것은, 문서 어느 곳에 해당 작업을 표기하든 상관 없이 전적으로 시공자의 결정이며 책임입니다.

4. 문서의 소유권은 주로 건축주와 건축사 사이의 문제이지만('서비스 문서 및 저작권법' 7장 참조), 소유권은 건축주/시공자 계약에도 명시되어 있습니다. 그 이유는 무엇일까요? 건축주/건축사 계약에서 소유권이 양도되지 않는 한, 시공자는 건축사의 문서가 다른 용도로 사용될 수 없음을 통보 받습니다. 건축주는 이를 시공자에게 양도하거나 판매할 수 없습니다.

건축주

건축주는 부지에 대한 정보(법률적, 지질학적 정보 등)를 제공하고 건축부서의 신고 수수료와 같은 정부 당국이 요구하는 비용을 지급할 책임이 있습니다. 시공자는 계약하에 건축주에게 자금을 사실상 융자해주는 것이므로(시공자는 공사를 수행합니다. 건축주는 완료된 공사에 대해 주기적으로 비용을 지급합니다), 시공자는 건축주가 건축주 자신이든 혹은 대출 기관을 통해서든 프로젝트를 위한 자금을 보유하고 있다는 증거를 요구할 권리가 있습니다. 건축주들은 시공자가 자신의 재정 상태를 조사하는 것을 좋아하지 않지만, 사생활 대 리스크의 문제는 그들의 사정일 뿐입니다.

건축주와 시공자는 건축주/건축사 계약서와 일관되게, 즉 건축주와 시공자 간의 모든 소통은 건축사를 통해 이루어질 것이라는 데에 동의합니다. 건축주의 관점에서 이러한 합의는 건축사에게 책임이 있도록 합니다. 건축사의 관점에서는, 많은 정보와 전문적인 조언 없이 내려지는 결정을 방지하는 데 도움이 되므로, 결과적으로 건축주와 대중을 보호하는 것에 도움이 됩니다.

마지막으로, 건축주는 시공자가 공사를 수행하는 데 실패하거나 적절한 통지를 받은 후에도 공사의 하자를 시정하지 않을 경우, 시공자 없이 공사를 중지하거나 시정 및 완료할 수 있는 권리를 가지고 있습니다.

시공자

입찰지시서(5장의 '실시설계도서' 참조)에 명시된 것처럼, 입찰 과정의 시공자 의무와 일관되게, 시공자는 모든 문서가 철저히 검토되었으며 문서에서 발견된 오류나 누락이 있으면 건축사에게 즉시 보고할 것임을 확인합니다. 시공자는 공사의 수단과 방법을 포함하여 모든 작업을 완료할 수 있도록 인력, 자재, 역량 있는 관리자의 감독, 관리 및 지시를 제공할 책임이 있습니다(5장의 '사후설계관리' 부분 참조). 시공자는 다음의 사항들에 동의합니다.

1. 프로젝트 일정 유지 및 업데이트
2. 필요한 모든 제출물을 입수하고, 계약문서(종종 엄격하게 준수되지 않는 요건)와 일치하는지 검토하며, 이를 건축사에게 제출하고, 필요에 따라 수정하여 다시 제출한다.
3. 문서와 제출물의 전체 세트(샵드로잉, 샘플, 일정 및 제품 설명 시트)를 현장에 보관한다(따라서 건축사는 매번 현장 방문 시 그 모든 것을 휴대할 필요는 없음).
4. 현장을 청결하게 유지한다.
5. 공사로 인한 인적 또는 재산적 손해에 대해 배상(보호 제공)한다.
6. 필요한 모든 절단작업과 패치작업[1]을 제공한다.

이에 대해서 여러분은 "뭐라고?"라고 물을 수 있습니다. 시공자가 해야 하는 수천 개의 절단작업과 패치작업이 건축주/시공자 계약에 언급된 이유는 무엇일까요? 저도 알지 못합니다. 관습? 역사? 다른 어느 곳에서도 설명되지 않았으므로 꼭 설명되어야 한다는 사실? 이것은 건설업계의 많은 기이한 일 중 하나로 여겨주세요.

계약문서의 요구 사항을 따르고 준수하는 것은 시공자의 의무입니다. 계약문서에 표시되고 설명된 대로 표시된 수량 및 품질로 건설해야 합니다. 기억하세요. 시공자의 공사 수행 실패로부터 건축주를 보호하기 위해 노력하는 것은 건축사의 의무입니다. 하지만 이는 시공자의 의무인, 공사를 수행하는 것보다는 훨씬 작은 의무입니다.

Contract Administration
사후설계관리

비록 건축주/시공자 계약의 당사자는 아니지만, 건축사는 그 안에 포함되어 있으며 다른 당사자들이 인정하는 중요한 역할을 합니다. 건축주/시공자 계약은 건축주의 대리인 및 대표자로서 건축사의 역할 범위를 정의하고 있으며 만약 일반적이지 않은 경우에는 계약서에 명시합니다. 건축사의 역할과 서비스가 건축주/건축사 계약에 명시된 것과 다를 경우, 그 다른 역할 및 서비스는 건축사와 건축주가 동의해야 합니다. AIA A201 계약서 안의 역할과 서비스에 대한 설명은 AIA B101 건축주/건축사 계약서의 내용과 일치합니다. 어떠한 경우에라도, 건축주와 시공자 모두는 건축사가 어느 쪽에 치우치지 않고 건축주/시공자 계약을 공정하고 공평하게 관리할 것을 기대할 권리가 있습니다. 건축사는 다음과 같이 해야 합니다.

1. 모든 당사자가 동의한 대로 건축주와 시공자 간의 모든 의사소통을 처리한다.
2. 시공자가 제출한 요청서 또는 지급신청서를 검토하고 인증한다.
3. 변경지시서 및 시공변경지시서를 준비한다.
4. 현장 관찰 및 점검을 시행한다.

건축사는 계약문서를 준수하지 않는 공사를 거부할 권리가 있습니다. 또한 비록 건축사가 부적합한 공사를 수용해도 된다고 생각하더라도, 그러한 공사에 대해 건축주에게 조언하는 것이 현명한 처사입니다.

건축주와 시공자 사이에 분쟁이 있는 경우, 둘 중 어느 한쪽은 이견(서면으로)에 대해서 건축사에게 알려야 합니다. 건축사는 상황을 검토하고 서면으로 소견서나 의견을 작성할 의무를 갖고 있습니다. 만약 어느 한쪽도 이 분쟁 해결 방안을 받아들이지 않는다면, 그 문제는 구속력이 없는 조정을 위해 미국중재협회에 문제를 가져갈 수 있으며, 만약 그것이 실패한다면 구속력이 있는 중재를 요청할 수 있습니다. 합의문에서 조정과 중재가 삭제되면 분쟁은 법정에서 해결됩니다.

마지막으로, 건축주와 시공자는 간접손해에 대한 모든 청구를 포기하는 것에 합의합니다.

하도급자

프로젝트를 시작할 때, 시공자는 제안하는 모든 하도급자의 목록을 건축주에게 제출해야 합니다. 제안된 하도급자가 프로젝트 매뉴얼의 관련 기술 영역에 명시된 요건을 충족하지 못하는 경우, 시공자는 건축주에게 추가 비용 없이 요건을 충족하는 대체 하도급자를 선정하고 제안해야 합니다. 하도급자가 기준 요건을 충족하지만 건축주가 다른 이유(건축주와 하도급자 사이에 진행 중인 소송이 있거나 하도급자에 대한 이전의 나쁜 경험 등)로 하도급자를 거부하는 경우, 시공자는 거부된 하도급자를 교체해야 합니다. 교체한 하도급자의 비용이 더 큰 경우, 건축주는 승인 후 추가 비용을 지급해야 합니다.

하도급자는 하도급자에 대한 책임을 지는 시공자(원도급자)에 의해 고용됩니다. 하도급자에게 가는 모든 의사소통은 시공자를 통해 이루어집니다.

건축주 또는 별도 시공자에 의한 공사

만약, 건축주/시공자 계약을 수행하기 전에 프로젝트 일부 공사가 건축주/시공자 계약 조건에서 벗어난 시공자 또는 하도급자에 의해 수행될 것으로 예상되는 경우, 건축주는 이러한 별도 인력 separate forces을 사용할 의사가 있음을 사전에 통지해야 합니다. 이 통지는 시공자의 입찰 및 일정에 영향을 미칠 수 있으므로 입찰 기간 내에 제공해야 합니다.

예를 들어, 건축주가 특정 건축 목공, 가구 제작자와 오랜 관계를 맺고 있고, 시공자가 여전히 현장에서 공사하는 동안 책장을 설치하기 위해 건축주가 직접 이들을 고용하기를(시공자를 통해서가 아닌) 원하는 경우, 건축주는 건축주와 시공자 및 직접 고용한 별도의 인력이 해당 공사에 대한 접근과 이전에 수행한 작업 및 완료 후의 작업에 대한 보호와 관련하여 서로 협력할 것이라는 이해하에 그렇게 할 수 있습니다. 건축주/시공자 계약은 이러한 상호 존중과 책임을 요구합니다.

만약 시공자가 계약 요건을 충족하지 못하는 경우 건축주는 별도의 인력을 고용해 직접 작업을 할 수 있는 권리가 있습니다.

Changes in the Work
공사 변경

프로젝트의 공사에서 변경요인은 많습니다. 건축주의 요구 사항이 변경되거나(때때로 건축주의 프로그램이 잘못되었다고 정중하게 돌려 말하는 방법), 건축사가 설계상의 실수를 발견하거나(무언가에 대해) 더 나은 방법을 생각해낼 수 있으며, 시공자가 자재를 바꾸거나 악화된 현장 상황developed field conditions 또는 예상하지 못한 상황unforeseen conditions(예를 들어, 리노베이션 프로젝트에서 철거 예정인 벽이 열리고 그 안에 묻힌 모든 위층의 주요 전기선이 발견되는 경우, 플랜 B를 진행할 때입니다)을 발견할 수 있습니다. 변경은 대부분 항상 일의 일정, 범위 및 예산에 큰 영향을 미치지만 때로는 피할 수 없는 것도 있습니다.

변경 사항이 생기는 경우 다음과 같이 처리되어야 합니다.

1. 건축사는 작업의 범위(추가되는 작업과 제거되는 작업)를 철저하고 명확하게 규정하고, 변경되는 부분에 대해 명확한 도면과 필요한 경우 변경되는 부분에 대한 수정된 시방서를 제공해야 합니다. 적절한 경우 컨설턴트가 조언할 수 있습니다. 건축사는 이 정보를 시공자에게 제안변경통지서NPC로 제출합니다.

2. 시공자 및 해당 하도급자는 작업(이전에 합의된 단가에 기초한 계약총액 및 일정에 대한 변경에 의한 일수 조정 등의 내용 포함하는)을 설명하는 제안변경지시서PCO를 준비합니다.

3. 건축사는 시공자의 제안변경지시서를 검토하고 제안변경지시서를 수용할 수 있도록 추가 설명이나 수정을 요청할 수 있습니다(제안변경지시서가 합의될 수 없는 경우 5단계를 참조하십시오).

4. 건축사는 작업의 범위 및 수정된 계약총액과 일정을 포함한 변경지시서CO를 준비합니다. 건축사, 시공자 그리고 건축주는 변경시시서에 서명하며, 이를 통해 계약문서의 일부가 됩니다.

5. 건축주와 시공자가 수용할 수 있는 제안이 달성될 수 없는 경우(대개 건축사, 건축주가 가격이 너무 높거나 지연이 너무 길다고 생각하기 때문) 건축사는 시공자에게 명시된(혹은 결정되어야 하는) 금액으로 변경을 진행하도록 명령하는 시공변경지시서CCD를 준비합니다. 시공변경지시서는 건축사와 건축주가 서명을 하고 계약문서의 일부가 됩니다. 이때 시공자는 명시된 비용과 시간 조정에 동의하지 않더라도 작업을 진행해야 합니다.

이러한 협정은 시공자가 단지 일을 계속 진행하기 위해 건축주로 부터 불합리한 추가 비용을 청구하는 것을 방지합니다.

6. 시공자가 변경을 합니다.

———

Time

시간

건축주/시공자 계약서에는 시공자가 공사를 완료해야 하는 시간이 명시되어 있는데, 이는 당연하게도 계약시간contract time으로 알려져 있습니다. 시공자는 공사를 시작할 때 작업의 각 단계가 언제 완료되는지 보여주는 일정과 프로젝트의 중요작업 일정 목록을 작성합니다. 예를 들어, 5월 15일까지 기초가 완성되고 8월 1일까지 철골 공사가 완료되며, 12월 1일까지 건물의 외피 공사가 끝나 비바람에 견딜 수 있게 됩니다. 계약시간은 위에서 설명한 바와 같이 건축사, 건축주, 시공자가 합의한 변경지시서나 건축사, 건축주가 합의한 시공변경지시서를 통해 변경할 수 있습니다. 시공자가 늦어지거나 중요작업 일정을 달성하지 못하는 경우 건축주에게 추가 비용을 청구하지 않고 주말 또는 초과 근무하는 프로그램과 같은 합의된 해결책이 있을 수 있습니다. 건축사는 일정을 감시해야 할 책임이 있지만, 일정을 지켜야 하는 것은 시공자의 책임입니다.

시공자가 계약시간을 준수하는 데 실패하는 경우, 건축주/시공자 계약은 시공자가 미리 결정된 금액(보통 하루 단위로 산정되며 이는 시공자의 지연으로 인한 건축주의 실질적 비용을 나타냅니다)을 지급 (또는 계약총액에서 공제)하도록 요구하는 손해배상예정액liquidated dam–

ages 해결책을 명시할 수 있습니다. 둘째, 대체 약정으로는 보너스&패널티bonus-and-penalty 조항으로, 공사가 조기에 완료되면 하루 단위로 일정 금액을 시공자에게 상여금 형식으로 지급하고, 정해진 날짜 이후에 공사를 끝내면 시공자에게 불이익을 주는 조항입니다. 일부 주에서는 보너스 조항과 함께 패널티 조항을 요구하지만, 어떤 주에서는 패널티 조항이 전혀 허용되지 않습니다.

손해배상예정액이나 보너스&패널티 조항은 시공자가 공사 지연 사유에 지나치게 집중하게끔 할 수 있고, 이로 인해 건축주와 건축사는 시공자의 배상 청구를 처리하는 데 많은 시간을 할애하게 될 수도 있습니다. 예를 들어, 어느 정도의 자금이 걸려 있는 경우, 시공자는 공사를 제시간에 합리적으로 수행할 수 없었다는 주장을 뒷받침하기 위해 매우 많은(그리고 아마도 완전히 불필요한) 수의 정보제공요청서 RFIs(5장 참조)를 발행할 수 있습니다.

시공자가 요구하는 계약시간의 변경은 다른 당사자가 의무를 이행하지 않거나(예를 들어 건축주가 제때 답변 또는 지급을 하지 않거나 또는 건축사가 제시간에 제출물을 처리하지 않고 합리적인 질문에 제때 답변하지 않는 경우) 또는 당사자들이 통제할 수 없는 상황이 일어난 경우에도 발생할 수 있습니다. 허리케인, 토네이도, 홍수, 테러 행위와 같은 '신의 행위'를 통틀어 불가항력force majeure이라고 합니다. 이 경우, 시공자는 지연에 대한 배상 청구, 계약기간 연장 그리고 아마도 직무연장을 위한 추가된 일반적인 조건을 충당하기 위해 계약총액의 증액을 합리적으로 요구할 수 있습니다.

지급 및 완공

5장에서 설명한 바와 같이, 변경지시서나 시공변경지시서에 의해 공사 과정 중 조정된, 건축주가 해당 공사에 대해 시공자에게 지급해야 할 금액이 계약총액입니다. 일반적으로 업종별로, 변경지시서를 위한 부분, 일반조건을 위한 부분(관리인, 인부, 쓰레기 수거비, 현장 사무비 등의 시공자의 업무 관련 비용), 간접비를 위한 부분(임대료, 사무직원 등 시공자의 일반 사업 비용 중 프로젝트 해당 몫), 그리고 이익을 위한 부분(예, 시공자는 이익을 낼 자격이 있습니다)으로 구분합니다. 사업 수행 비용의 일부로 일반조건과 간접비에 포함되었던 보험 비용은 1980년대의 매우 빡빡한 시장에서 너무 큰 비용이 되었기 때문에 지금은 흔히 별도의 항목으로 실립니다. 이러한 계약총액의 분류는 종종 공사 시작 시 합의된 입찰 양식의 입찰 분류 부분을 기반으로 하는 경우가 많습니다. 이는 청구 목적을 위한 일위대가표 schedue of values로 알려져 있습니다. 정액 약정(시공자가 정해진 가격에 대해 명확히 명시된 작업 범위를 수행하기로 동의하는 경우)에서 일위대가표는 이러한 금액이 각 하위 항목에 대한 시공자의 실제 비용이라는 뜻은 아닙니다. 비공개 입찰의 일에서, 이것은 기밀 정보이며 건축주가 상관할 일은 아닙니다. 그러나 기입된 금액은 건축사의 합리적이고 전문적 판단에 있어서, 일반적으로 각 일의 가치를 맞게 나타내야 합니다.

시공자는 일반적으로 매월 지정된 간격에 따라 지급신청서application for payment를 작성합니다. 신청서에는 지급확인서certificate of payment 또는 청구서 표지 양식, 품목별 청구서의 상세내역을 보여주는 추가면con-tinuation sheet을 작성합니다. 여기에는 합의된 일위대가표, 승인된 모든 변경지시서, 이전 청구서에서 다뤄진 작업, 현재 요청서 기간에 다뤄지고 이루어지는 작업(건축사가 요청사항을 평가할 때 사용하는 달러 액수 및 완료 비율로 표기), 수행되어야 할 남은 작업의 양, 그리고 지불예치금을 포함합니다.

아마도 각 품목의 10% 정도되는 지불예치금retainage[2]은 프로젝트가 완료될 때까지 건축주가 들고 있습니다. 예를 들어, 프로젝트에 대한 전기 작업의 총 예정값이 100,000달러인 경우, 전기 작업이 30% 완료되었을 때 시공자는 건축주로부터 27,000달러를 받아 전기하도급자에게 지급합니다. ($100,000 × 30%) − ($100,000 × 30% × 10%). 계약에 따라 지불예치금은 프로젝트의 중간지점 또는 실질적완공 시점에 감소될 수 있습니다(아래 참조). 지불예치금은 시공자가 펀치리스트를 완료하도록 하는 수단이자 시공자의 불이행으로부터 보호하는 도구입니다.

만약 청구서가 부지 밖의 보관된 자재들을 포함하는 경우, 납품업자의 지급이 완료된 송장과 같이 건축주에게 소유권을 넘긴 증빙 자료가 포함되어야 합니다. 일반적으로 건축사는 7일 안에 요청 사항을 검토하고 조치해야 합니다. 건축사는 제대로 수행되지 않은 작업이나 '과잉 요청'에 대해 공제할 수 있습니다. 건축주는 건축사의 조치 후 7일 이내에(즉, 시공자가 건축사에게 신청서를 제출한 후 14일까지) 건축사가 승인한 금액을 지급할 의무가 있습니다. 만약 시공자가 제시간에 지급받지 못한다면, 시공자는 '치유책(즉, 21일까지 지급하는 것)'이 없으면 공사는 중지될 것이며, 건축주가 이 지연에 대한 배상 청구를 할 수 없다는 채무불이행 통지를 건축주에게 보낼 수 있습니다.

실질적완공substantial completion은 건축사의 인증을 받아야 하는 것으로, 프로젝트가 의도된 목적을 위해 사용될 수 있을 만큼 충분히 완료된 시점을 뜻합니다. 실질적완공은 여러 계약상의 이슈를 유발합니다. 실질적완공 시점에서는 지불예치금이 감소하여 시공자에게 큰 돈이 제공될 수 있습니다. 시공자의 표준 1년 보증기간은 이 시점에서 시작됩니다. 따라서 시공자들은 건축사가 가능한 한 빨리 실질적완공을 인증하기를 원합니다. 건축주/시공자 계약에 따르면, 공사가 실질적으로 완료되지는 않았지만, 늦어진 이유로 건축주가 점유하기 시작해야 하는 경우, 이러한 전체적 혹은 부분적 점유가 반드시 실질적완공이 되었다는 것을 의미하지 않을 수 있습니다.

최종완공final completion을 달성하려면 시공자가 모든 계약적 의무를 이행해야 합니다(보증기간의 작업인 경우는 제외). 시공자는 펀치리스트를 완료하고, 모든 하도급자, 납품업체 및 시공자 자체로부터 최종 유치권포기를 한 후에 최종완공을 달성할 수 있습니다. 또한 모든 매뉴얼, 적합성 인증서, 최종 점유 확인서, 서명한 서류들, '시공된' 도면과 보증서(필요시)를 제공합니다. 건축사는 이러한 수신된 항목들을 모니터링하고 최종완공인증서certificate of final completion를 발급합니다. 건축사는, 건축주와 시공자 사이 자금의 결산 조정closeout reconciliation을 하는 데 도움을 줍니다. 이는 충당금과 예비비의 잔고, 계약 절약액, 해결되지 않은 변경지시서, 건축주가 수락한 부적합한 작업에 대한 가치, 상여금, 벌금 또는 손해배상예정액, 시공자 불이행으로 인한 서비스 변경으로 인한 건축주의 추가 비용에 대한 계약총액에서의 공제 금액 등 이와 같은 사항들을 고려한 최종계약총액의 조정을 말합니다.

개인 및 재산 보호

안전한 공사 현장을 제공하는 것은 시공자의 의무입니다. 공사 현장 안팎의 재산과 사람을 보호하기 위한 안전 프로그램을 만들고 시행하고 집행함으로써 말입니다. 시공자는 지역, 주 및 연방 수준의 모든 안전 요건을 알고 준수해야 하며, 현장 또는 현장 주변의 비상 상황들을 처리해야 합니다. 현장에서 유해 물질(석면, 라돈 등)이 발견되면 시공자는 이를 건축주에게 알리고, 건축주는 이를 제거해야 하는 책임이 있습니다.

일부 대형 시공자(심지어 건축주)는 규정을 준수하고 건설 현장을 안전하게 유지하기 위해 안전 담당자를 두고 있습니다.

보험 및 보증

건축주와 시공자 모두 전문가의 자문을 받고 각각의 프로젝트 보험 내용을 꼼꼼히 검토해야 합니다(건축사를 위한 보험은 10장에서 논의합니다). 건축주는 건축주의 사업적 판단에 따라 모든 관련 리스크로부터 필요하거나 원하는 범위 내에서 보호되어야 하고, 리스크가 양쪽 당사자의 보험에 포함되지 않은 상태로 남겨지거나 혹은 양쪽 당사자의 보험에 중복되어 포함되지 않도록 해야 합니다. 일반적으로 건축주는 자신의 재산 및 비용을 지급한 건설 작업에 대한 손실에 대해 보험을 드는 반면 시공자는 자신의 작업으로 인해 발생하는 재산 또는 사람에 대한 손상, 공구 및 장비, 그리고 아직 지급되지 않은 완료된 작업에 대해 보험을 듭니다. 일반적으로 업무상 부상을 입은 근로자는 주에서 의무로 하는 근로자재해보상보험 workers' compensation으로 보상을 받습니다. 프로젝트의 모든 측면(건축사의 리스크도 포함)을 포괄하는 프로젝트 보험Project policies을 사용할 수 있는 경우도 있습니다. 보험회사(보증인sureties)에서 매입한 보증은 건축주의 일부 리스크를 보호할 수 있습니다. 건설 전에, 입찰하는 시공자가 입찰 계약을 체결하지 않을 리스크는 5장에서 논의한 바와 같이 입찰보증bid bond으로 보호됩니다. 보증은 또한 건설 중에 가장 심각한 리스크 중 두 가지로부터 보호합니다. 첫 번째, 시공자가 파산이나 다른 이유로 프로젝트를 끝내지 못하는 것과 시공자가 건축주가 이미 비용을 지급한 작업이나 자재에 대해 하도급자에게 비용 지급을 하지 않는 것, 그리고 이로 인해 하도급자가 건축주의 재산에 대해 배상 청구(선취특권lien)를 제기하게 하는 것입니다. 첫 번째 리스크는 이행보증 performance bond으로 보호될 수 있습니다. 채무 불이행의 경우, 보증을 제공하는 보증인이 다른 시공자가 공사를 완료하도록 함으로써 건축주에게 발생하는 추가 비용을 지급하여 줍니다. 지급보증payment bond(이전에는 임금및자재보증 labor and materials bond으로 알려짐)은 건축주의 두 번째 리스크 유형, 즉 지급받지 못한 하도급자나 판매업자가 제기하는 배상 청구로부터 건축주를 보호합니다.

보험회사는 시공자가 '보증받을 수 있는 상태'인지를 확인하기 위해 계약하는 회사의 이력, 평판, 재무 등을 매우 꼼꼼히 살펴봅니다. 종종 시공자의 개인 자산은 보증 제공을 위한 담보로 사용되며 이는 시공자의 채무 불이행이 발생하는 것에 대한 심각한 저해 요소로 작용합니다. 건설회사가 보증받을 수 있다는 사실만으로도 일부 건축주들은 건설회사가 실제로 보증(건축주의 추가 비용)을 구입하지 않더라도 일정 수준의 안정성과 편안함을 얻을 수 있게 해줍니다. 만약 누군가가 그 시공자를 기꺼이 옹호한다면, 그 시공자는 아마도 괜찮을 것이라고 생각하는 것입니다.

Uncovering and Correcting Work
작업 확인 및 수정

건축사가 후속 작업으로 인해 확인하고자 하는 작업 부위가 가려지기 전에(예: 벽이 마감되고 닫히기 전에 벽의 파이프 검사, 장식이 붙여지기 전에 고정 채광창의 백코킹 부위 검사), 시공자에게 미리 검사 요청에 대해서 알려야 합니다(항상 서면으로 해야 합니다. 말로만 한 것은 인정되지 않습니다). 그렇게 함으로써 시공자가 건축사에게 언제 검사를 할 것인지 알릴 수 있습니다. 시공자가 건축사에게 그러한 통지를 하지 못할 경우, 시공자는 건축주에게 추가 비용 없이 작업 부위를 들춰내야 합니다(벽체를 열고 다시 닫아야 합니다). 건축사가 검사를 요청하지는 않았지만 뭔가 잘못되었고 은폐되었다고 의심할 만한 충분한 근거가 있는 경우에는, 건축사는 검사를 위해 작업 부위를 들춰내(벽체 열기) 줄 것을 요청할 수 있습니다. 작업이 올바르게 수행된 것으로 판명되면, 시공자는 들춰낸 작업 대한 비용을 건축주에게 청구할 수 있습니다. 만약 작업 부위가 잘못되었다면, 시공자는 결함이 있는 작업을 수정하고 해당 작업 비용을 지불해야 합니다. 건축사는 시공자에게 요청하기 전에 미리 건축주와 들춰내기 요청과 잠재적인 추가 비용에 대해 논의하는 것이 좋습니다(예리한 건축주는 당연한 질문을 할 것입니다. "왜 작업이 덮혀지기 전에 검사를 요청하지 않았습니까? 제가 잠재적인 '추가 비용'에 직면하지 않게 말입니다" 좋은 질문입니다).

때때로 건축주는 부적합한 작업(계약문서에 따라 수행되지 않은 작업)을 받아들이거나 부분적으로 미완성 상태로 남겨진 펀치리스트를 수락하기로 선택할 수 있습니다. 이에 대한 인센티브로써 시공자는 계약총액을 줄일 것을 제안할 수 있습니다. 공공의 건강과 안전에 영향을 미치지 않는 범위에서 건축주의 동의 여부는 건축주의 사업적 판단에 달려 있습니다.

마지막으로, 시공자의 공사에 대한 일반적인 1년 보증이 적용되는 것은 일반조건의 이 부분(이 장의 대부분 항목이기도 한)에서 다뤄집니다. 1년 기간의 예외는 프로젝트 매뉴얼의 기술 영역에 대해 다루는 5장 부분에서 논의됩니다.

Miscellaneous Provisions
기타 조항

기타 조항은 표준 일반조건에서 자체적인 부분을 갖지 못하는 다양한 사안들을 다룹니다.

건축주가 특정 주에 위치(개인일 경우 거주지별, 회사 또는 기관일 경우 사업장별)하고 프로젝트가 다른 주에 위치한다면, 어떤 주의 법이 계약에 적용될까요? 프로젝트가 위치한 주입니다. 대부분의 계약 문제는 주 계약법의 적용을 받기 때문에 이 답변은 중요합니다.

건축주/시공자 계약이 승계인에게 넘겨질(법률 언어로 '양도되다') 수 있습니까? 네, 하지만 같은 의무, 그리고 상대방의 동의가 있어야 합니다.

언제 손해에 대한 청구를 해야 합니까? 보통 상황이나 문제를 발견한 후 21일 이내에 해야 합니다. 꾸물거리는 것은 바람직하지 않습니다. 누군가 그렇게 하는 경우, 그것은 청구를 회피하는 것일 수 있습니다.

계약문서에서 요구되지 않는 시험 비용은 누가 지불하나요? 작업이 시험을 통과하면 건축주이고, 실패하면 시공자입니다.

Contract Termination
계약 종료

건축주나 시공자 중 어느 한쪽이 의무를 실질적으로 이행하지 않을 경우, 계약이 일방적으로 종료될 수 있습니다. 특히, 건축주가 일정 기간 이상 사업을 보류하거나 시공자의 미지급 채무 고지를 시정하지 않을 경우, 시공자는 이에 따른 약정과 의무를 해지할 수 있습니다. 이와 유사하게, 시공자가 작업을 이행하지 않거나 제대로 수행되지 않은 작업을 시정하지 않는 경우, 건축주가 사전에 시공자에게 적절한 통지와 해결 기회를 제공했다면, 계약을 종료할 수 있습니다. 책임을 진 당사자가 주로 계약이 종료되는 상대방에게 위약금을 지급해야 합니다.

대체 건축주/시공자 계약

　　　　　　　　본 장의 시작 부분에 '정액일괄발주계약'
으로 기술된 표준 건축주/시공자 계약은, 계약 체결 시 건축주가 구매
하고 있는 작업의 범위를 설명하고 그에 대한 고정 가격을 설정하기에
충분하거나, 완전한 계약 문서 전체 세트를 가정합니다. 불행하게도,
삶은 그렇게 항상 명확하고 단순하지는 않습니다. 건설사업관리, 패
스트트랙 방식, 설계시공일괄 방식 등 4장에서 논의되는 대안의 약정
들이 있습니다. 각 약정에는 해당 상황에 적절하고 적합한 조건을 다
루기 위해 건축주와 시공자, 그리고 건축주와 건축사 사이에 서로 다
른 형태의 합의를 필요로 합니다.

　모든 도면이 완성되기 전에 공사를 시작해야 할 때, 시공자는 건축
주에게 실제 비용(인건비, 자재비, 하도급자의 비용)을 청구할 수 있
으며, 이에 따른 간접비와 이윤을, 상환될 비용의 합의된 비율 또는 고
정 금액으로 추가할 수 있습니다. 이 약정을 실비가산cost plus 또는 실비
정액가산cost plus a fee이라고 합니다. 때때로 도면이 완성된 후 건축주
는 시공자에게 최대보장공사비guaranteed maximum price, GMP로 알려진 최
대 가격까지 실비가산 방식으로, 작업을 수행하도록 선택할 수 있습
니다. 다른 보상 방법도 사용할 수 있습니다. 시공자가 아닌 건축주가
하도급자와 직접 계약을 체결하는 경우 시공자는 실제로 시공자가 아
닌 건설 관리자가 됩니다.

　어떠한 계약 방식으로 체결하든, 그것은 특정 프로젝트에 적합해
야 하고, 계약서에 명확하게 설명되어야 하며, 모든 당사자가 명확하

게 이해해야 합니다. 모든 계약에는 각기 다른 책임, 의무 및 리스크가 존재하므로 신중하게 평가해야 합니다. 건축주/건축사 계약이 체결된 후 건축주/시공자 계약이 변경되는 경우, 해당 계약서(및 건축사의 수수료)는 그에 따라 수정되어야 합니다.

미주 ————————————————————————————————

[1] 절단(cutting) 작업은 다른 작업의 설치 또는 수행을 위한 기존 구조물의 제거 작업을 의미하고, 패치(patching) 작업은 다른 작업을 수행한 후에 표면을 원래 상태로 복원하는 데 필요한 피팅(fitting) 및 수리 작업을 말한다.

[2] 시공과정에서 시공상의 각종 문제로부터 계약상 시공자의 의무를 보장받기 위해 시공자에게 지급되어야 할 대가 중 건축주에 의해 지급이 유보되는 금액을 의미한다.

건축사사무소

The Architect's Office

건축사사무소
The Architect's Office

이 장에서는 건축사를 하나의 실체, 즉 건축사의 회사로 생각을 하고, 당신이 회사를 성공적으로 운영하기 위해 이해해야 하는 주요 사안들을 설명합니다. 이 정보들은 당신이 다른 사람의 회사에서 일하든 자신의 회사를 시작하고 운영할 때든 모두 유용할 것입니다.

Starting a Practice
회사 시작하기

당신이 회사를 시작하기로 결정한 이유와 상관없이, 당신은 수많은 결정과 새로운 문제들에 직면할 것입니다. 사실, 회사를 운영하면서 가장 흥미진진한 측면 중 하나는 배우고 익힐 수 있는 주제들의 범위입니다. 많은 건축사가 그런 것처럼, 궁극의 제너럴리스트[1]가 되는 것을 즐기는 사람들에게 건축사는 완벽한 직업입니다.

만약 당신이 독립하고 싶다는 생각이 든다면, 1장과 3장에서 제가 질문한 질문들을 다시 확인해보세요. 당신의 개인적인 가치, 강점, 전문 지식 및 관심사는 무엇인가요? 이는 당신과 당신의 회사를 독특하게 만들어 줄 특성들입니다. 이 특성들은 직원들과 고객들을 끌어들이고 유지하는 방법을 만들어 줄 것입니다.

전문가와 회사에 대한 많은 연구들은, 핵심 가치, 서비스, 유입 가능성이 높은(따라서 아마도 마케팅을 해야 할) 고객의 종류에 따라 정의된 범주로 그들을 분류합니다. 각 연구에는 각각의 '의견'이 있지만, 대부분 다음의 내용을 강조합니다.

1. 전문성. 전문가 회사가 제공하는 주요 특징은 일반적으로 독특하고 새로운 아이디어입니다. 이 그룹에는 디자인 재능과 감각으로 유명한 유명 건축사들이 포함됩니다. 이러한 유형의 회사에 적합한 고객은 독특하고 특별한 디자인이 프로젝트의 성공에 있어서 매우 중요한 고객들입니다.

2. 경험. 일부 회사는 특별한 노하우를 제공합니다. 건물 유형(예: 병원), 지리(예: 남서부) 또는 시스템 유형(예: 프리패브 또는 모듈러 공법) 등, 이러한 회사들은 종종 꽤 복잡한 각 분야에서 그들의 기술을 연마하였습니다. 안전하게 진행하고 싶은 고객은 이전에 '그들의' 유형의 건물을 많이 지은 적이 있는 회사를 찾아갈 것입니다. 그들은 세상을 놀라게 할 만하거나 특이한 디자인을 얻지 못할 수도 있지만, 의도한 대로 진행될 것입니다.

3. 실행. 때때로 가장 어려운 부분은 일을 완수하는 것입니다. 프

로젝트 중에 매우 규모가 크고, 건설하기 어려운 장소에 있으며, 힘든 일정이나 예산 안에 있거나 혹은 일반 전문가들을 난처하게 하는 다른 특별한 요구 사항이 있는 프로젝트들은 이러한 상황에서도 일을 잘 수행할 수 있는 회사가 필요합니다. 이러한 회사들은 프로세스와 절차를 전문으로 합니다. 저개발국가에 3개월 만에 병원을 새로 짓는 것은 보통 건축사가 할 수 있는 프로젝트가 아닙니다.

회사를 이 세 가지 범주로 분류하는 것이 편리할 수 있겠지만, 정말 훌륭한 회사는 이 세 가지 범주 모두에서 성공합니다. 그들은 혁신과 철저함 그리고 무결성으로 완벽하게 실행되는 훌륭한 디자인을 제공합니다. 모든 회사는 이렇게 하기를 열망해야 합니다.

회사를 바라보는 또 다른 방법은 회사의 운영 가치를 보는 것입니다. 일부 회사는 '실무 중심'이라고 할 수 있습니다. 건축은 24시간/7일 연중무휴로 건축에 살아가고 숨 쉬는 회사 구성원들을 위한 삶의 일부분입니다. 어떤 시간이든 가능한 한 잘하는 것이 그들을 움직이는 원동력입니다. 다른 회사들은 '비즈니스 중심'입니다. 실무는 생계이며 구성원들은 그것을 사명이라기보다는 일차적으로 비즈니스로 여깁니다. 이 두 가지 특성화는 물론 극단적입니다. 최고의 기업은 장기적으로 이 두 가지 장점의 일부를 결합합니다(그리고 불행히 단점들도).

어떤 식으로 분류하든, 회사를 운영하는 데에 중요한 요소는 가치, 시장, 기술 및 집중력의 통합입니다. 이는 직원과 고객과 함께 조정해야 하고 '적합'해야 합니다. 궁극적으로 회사는 함께 일하는 사람들이며, 그들의 목표, 신념, 가치들은 조화를 이루어야 합니다. 당신 자신,

당신의 직원, 동료 그리고 당신의 고객을 아는 것은 필수적입니다. 적합성 부족은 관련된 모든 사람에게 피해를 줍니다.

Forms of Ownership
소유권 형태

모든 회사는 한 사람이든 수백 명으로 이루어지든 법적 실체입니다. 이 실체의 형태는 그것이 위치한 주의 법에 의해 지배되고 있습니다. 주마다 법이 다르지만, 대부분은 소유권 및 조직에 대해서 세 가지 옵션을 제공합니다. 건축회사들은 주정부의 허가법의 적용도 받기 때문에, 다른 종류의 사업에 대한 옵션과 다소 다릅니다. 주 정부는 허용되는 사업 형태를 규제합니다. 국세청은 세금 신고 목적을 위해서 사업 유형을 정의합니다.

1. 개인사업자sole proprietorship는 한 명의 소유주가 있으며, 소유주는 회사가 하는 모든 일에 대해 전문적으로 재정적으로 책임을 져야 합니다. 개인사업자는 혼자서 일할 수도 있고 직원이 여러 명일 수도 있습니다. 세금 목적상, 개인사업자의 소득과 비용은 개인 소유자의 개인 세금 신고의 일부로 간주됩니다. 직원의 급여를 포함한 회사의 사업 비용은 개인사업자의 세금 신고서에 비용으로 입력됩니다(개인 수표책과 회사 수표책은 동일할 수 있으나 권장하지는 않습니다. 당신이 곧 회사이더라도, 당좌예금 계좌 2개와 기록세트 2개를 보관하세요). 일반적으로 개인사업

자는 소규모 회사이지만 직원이 많은 회사도 있습니다. 개인사업자는 회사를 시작하고 운영하는 가장 간단한 형태의 회사이지만 소유권과 리스크를 공유할 수 없다는 한계가 있습니다.

2. 파트너십partnership은 둘 이상의 파트너에 의해 소유됩니다. 대부분의 대형 건축회사는 수십 명의 파트너(회계사나 변호사와 같은 다른 유형의 전문 파트너십은 때로는 수백, 심지어 수천 명의 파트너를 보유)를 보유하고 있습니다. 파트너는 소유권을 균등하게 혹은 불균등하게 공유할 수 있습니다. 파트너십의 중요한 특징은 파트너의 '연대 책임'입니다. 즉, 각 파트너는 파트너십에서 해당 파트너의 지분뿐만 아니라 각 파트너의 개인 자산의 전체 범위까지 다른 모든 파트너의 행위에 대해 책임을 집니다. 만약 당신이 6명의 파트너 중 한 명이고 회사가 소송을 당하여 과실 및 원고에게 금전적 배상 판결이 내려진 경우, 배상금이 회사의 자산을 초과하는 한도 내에서, 당신이 개인 자산을 가진 유일한 파트너라면, 당신은 해당 배상금을 지급해야 할 책임이 있습니다(다시 말해서, 당신이 아주 잘 알고 전적으로 신뢰하는 사람들과만 파트너십을 맺으십시오). 파트너십은 파트너십 세금 신고서를 제출합니다. 회사의 총 이익(또는 손실)은 파트너의 파트너십 지분 비율에 따라 각 파트너에게 배분됩니다.

3. 전문법인professional corporation은 주주들이 소유한 회사입니다. 많은 대형 회사들이 이와 같은 방법으로 소유되고 조직되고 있습니다. 운영에 대한 법적 요건이 가장 많아 소규모 회사 입장에서는 비용이 많이 들거나 번거로울 수 있지만, 소유주를 추가하고 제거하는 과정을 단순화하는 이점이 있습니다. 어떤 상황에

서는 회사 소유주의 개인 자산이 기업의 사업 부채(임대료 지불 등)로부터 보호될 수 있습니다. 그러나 건물이 무너져 사람을 다치게 하는 등의 설계 행위, 즉 전문가로서의 행위로 인한 책임으로부터는 소유주의 자산이 보호되지 않습니다.

일부 주에서는 유한책임파트너십 limited liability partnerships, LLPs과 유한책임회사limited liability corporation, LLCs를 허용합니다. 이러한 대체 사업 형태는 소유자를 사업 성격의 책임으로부터는 보호할 수 있지만 직업적인 잘못된 행위로부터는 보호할 수 없습니다. 또한 유한책임파트너십은 일부 파트너가 한 파트너의 범법 행위를 알지 못하는 경우 공동책임 수준을 낮출 수 있습니다.

대부분의 주에서는 회사의 형태에 관계없이 허가된 설계 전문가만이 건축회사의 소유주가 되는 것을 허용합니다. 일부 주에서는 소유주 중 한 명(때로는 대다수)이 자격증이 있는 건축사라면, 자격증을 가진 기술사나 조경사가 건축회사의 소유주가 될 수 있도록 허용하고 있습니다. 거의 항상, 소유주들은 모두 개인적으로 직업적인 오류, 누락 또는 과실malpractice에 대한 책임을 집니다. 개인 책임은 자격증이 있는 전문가로서 사회와의 협약의 일부로 간주됩니다(이 맥락에서 '전문가'는 1장에서 논의된 더 넓은 구어적 정의와는 상당히 다릅니다).

회사의 소유 형태를 결정하기 전에, 당신은 당신의 상황에 가장 적합하고 이로운 소유 형태를 선택하고 모든 법적 요건을 충족하도록 도와줄 수 있는, 지식이 풍부한 변호사 및 회계사와 상의해야 합니다.

Staffing a Firm
직원 배치

　　　　혼자 실무를 할 계획이 없는 한(어떤 사람들에게는 만족스러운, 다른 사람들에게는 매우 외로운, 상당한 양의 작업에는 불가능한), 당신은 당신과 함께 일할 사람들을 찾고, 유지하고, 훈련하고, 격려해야 할 것입니다. 나는 의도적으로 '위한'보다는 '함께'라는 단어를 사용하였습니다. 회사는 소유주뿐만이 아닌 그 안에서 일하는 모든 사람들인 것입니다. 업무의 질과 회사의 성공은 직원의 질과 직접적인 관련이 있습니다. 작은 회사에서는 모든 사람이 매우 다양한 업무를 수행합니다. 대형 회사에서의 직원은, 보다 구체적이고 제한된 역할에 대한 직업적 훈련을 받지만, 발전하고 성장을 위해 더 폭넓은 훈련을 받아야 합니다.

대형 회사들은 세 가지 방식 중 하나로 직원을 조직하는 경향이 있습니다. 수평적horizontal 또는 부서적departmental 방식method은 회사를 '설계', '생산', '현장'과 같은 부서로 나눕니다. 각 부서는 모든 프로젝트의 특정 부분을 수행합니다. 설계 부서는 회사의 모든 프로젝트의 계획설계와 중간설계를 수행하고, 생산 부서는 모든 실시도면과 시방서를 생산하며, 현장 부서는 모든 사후설계관리업무를 다룹니다. 프로젝트는 다양한 부서를 통하고 이동합니다.

수직적vertical 또는 프로젝트project 방식method은 직원을 프로젝트 팀으로 나누고, 각 팀은 프로젝트를 처음부터 끝까지 수행합니다.

수평적 방법은 각 작업 유형에 대한 직원의 전문성이 더 높아진다는 장점이 있지만, 특정 프로젝트에서 프로그램적 사안이 어떻게 설계 해결책이 되었고, 따라서 어떻게 관련된 문제가 현장에서 해결되어야 하는지에 대한 연속성을 잃을 수 있습니다. 왜 그런지에 대한 기억 및 지식과 함께 말입니다. 수직적 형태의 조직에는 반대의 장단점이 있습니다. 프로젝트 팀은 프로젝트의 모든 문제에 대한 연속적인 지식 및 프로젝트에 대한 깊은 헌신을 갖고 있지만, 팀 구성원은 서비스의 각 단계를 가장 잘 수행할 수 있는 방법에 대한 전문 지식의 깊이와 경험이 부족할 수 있습니다.

수평적 방법과 수직적 방법의 장점을 결합한 하이브리드 구성을 매트릭스 방식matrix method이라고 합니다. 여기서 각 프로젝트에는 처음부터 끝까지 참여하는 팀 리더가 있지만, 각 단계에서 필요에 따라 팀에 합류(그리고 떠남)하는 사무실 전문가들의 지원을 받습니다. 이 형식은 특정 사무소의 역사와 문화에 따라 대형 사무소에 적합합니다. 일부 대형 사무소는 마케팅과 경영상의 이유로(매우 예술적으로 들리는 것 외에도) 큰 인력과 규모를 갖춘 '스튜디오'들로 나뉩니다. 이는 보다 관리하기 쉬운 작업 그룹이며 구성원들은 스스로 중요한 역할을 한다고 느낍니다. 스튜디오는 건물 유형별로(업무시설 스튜디오, 교육시설 스튜디오, 주거시설 스튜디오, 역사적 건물 전문 스튜디오 또는 소규모 프로젝트 스튜디오와 같은) 구성될 수 있습니다.

회사의 규모와 조직에 관계없이 소유주는 아래에 설명된 7가지 주요 상황들을 다루어야 합니다.

1. 채용hiring. 가장 적합한 최고의 직원을 찾으십시오. 직원을 구하는 좋은 출처(직장을 찾을 때나 당신의 회사 직원을 구하려고 할 때 명심해야 하는 것)로는 친구, 동창, 직원의 친구, 그리고 학

생(당신의, 직원의 또는 당신 친구의)들이 포함됩니다. 그물은 넓을수록 좋습니다. 이런 지원자들의 기술, 경험, 인성, 성격은 알려져 있습니다. 구인광고, 채용공고, 학교 취업설명회 등을 통해 만나고, 면접과 추천인을 통해서 평가해야 하는 지원자보다 고용 적합성을 훨씬 더 잘 판단할 수 있습니다. 지원자에게 직책을 제안할 때는 책임, 보상, 혜택 및 기타 고용 조건을 되도록 서면으로 설명해야 합니다. 간단한 편지 한 통이면 될 것입니다. 고용 계약서는 아주 높은 고위직 외에는 흔하지 않습니다.

2. 인사 정책personnel policies. 회사의 고용 정책, 즉 승진과 해고, 휴일, 휴가, 개인 및 병가 기간, 출산 휴가, 건강 및 기타 혜택, 보상, 그리고 사무실 실무 표준이 명확하게 명시된 문서인 직원 매뉴얼employees' manual을 제공하는 것이 공정한 것이며, 실제로 법적 및 보험 요구 사항이기도 합니다. 정책이 변경되면 직원에게 서면으로 알리십시오. 루스-리프[2] 형식은 업데이트하기에 편리합니다.

3. 책임과 권한의 위임delegation of responsibilities and authority. 직원들이 자신들에게 기대되는 것을 직관적으로 안다고 절대 가정하지 마십시오. 당신이 합리적으로 예측할 수 있는 많은 상황에서 그들이 무엇을 해야 하고 해서는 안 되는지에 대해 명확하고 분명하게 설명해야 합니다. 가능한 한, 권한(한 사람이 담당할 수 있게 허용된 것)은 책임(그 또는 그녀가 책임을 져야 할 것)에 상응해야 합니다. 예를 들어, 직원은 고객과 직접 접촉할 수 있는 권한이 있습니까? 시공자와? 그 또는 그녀의 작업이 발송되기 전에 누구의 검토를 받아야 합니까? 직원은 누구에게 보고해야 합니까?

4. 동기부여motivation. 좋은 사람들을 찾는 것도 어렵지만 그들에게
   동기를 부여하고, 활력, 흥미, 집중력, 생산성을 유지하는 것은
   더 어렵습니다. 회사의 성공은 모든 사람이 최선을 다하는 데
   달려 있으며, 이는 그들 자신의 만족과 보상을 위해 매우 중요
   합니다. 회사의 목표와 일치하는 고객을 찾는 것과 같이, 회사
   내 모든 사람들, 소유주들 및 직원들의 목표, 가치 그리고 사명
   의 일치는, 건설적이고 행복한 직장(그리고 삶)을 만드는 열쇠
   입니다.

5. 평가evaluation. 좋은 매니저들은 정기적으로 직원들과 만나고, 그
   들의 장점과 단점에 대해 토론하며, 개선을 위한 제안을 합니
   다. 그들은 직원들의 업무, 프로젝트, 동료, 목표, 그리고 변화
   의 욕망에 관하여 직원들의 견해를 주의 깊게 듣습니다. 당신이
   직원들을 아무리 잘 안다고 생각하더라도 듣고 경청하는 것으로
   부터 놀랄 만큼 많은 것을 배울 수 있을 것입니다.

6. 보상compensation. 건축사는 다른 전문가들에 비해 돈보다는 사명
   감이 더 중요할 수 있지만, 우리 사회가 성공의 척도를 대부분
   경제적 보상으로 측정한다는 것과 좋은 삶을 살기 위해서는 어
   느 정도의 돈이 필요하다는 사실에서 벗어날 수 없습니다. 일부
   건축회사들은 무급 인턴십을 제안하기도 합니다. 나는 이 관행
   이 비전문적이고 비도덕적이라고 굳게 믿고 있습니다. 이것은
   또한 불법이기도 합니다(어쨌든, 이 나라도 최저임금법이 있습
   니다). 일은 항상 교육적인 경험이 되어야 하지만, 건축사의 사
   무실은 교육 기관으로서 인가된 것이 아니며, 누군가에게 무급
   노동을 제공함으로써 '수업료'를 내라고 요구하는 것은 완전히

잘못된 것이며, 전문 직업으로써 추구해야 하는 모든 것에 대한 배척행위입니다. 어떤 직종도 '젊음'을 이런 식으로 대하지 않습니다. 이것은 부패하고 학대적이며, 건축 문화의 나쁜 부분입니다. 이는 부적절한 대가를 받고 일하는 것과 같은, 나중의 직업 생활에서 더 나쁜 행동으로 이어질 수 있습니다. 직원은 주급(주당 $x) 또는 시간당 $y의 체계로 보수를 받을 수 있습니다. 초과근무시간에 대해서는 전문직 근로자에게 일반적으로 적용되는 '기본근무시간'(40시간 미만과 동일한 요율) 또는 사무직 및 지원 직원에게 일반적으로 적용되는 '1.5배 시간'(즉, 주당 40시간 요율의 1.5배)으로 급여를 받을 수 있습니다.

7. **직원이나 컨설턴트**employees or consultants. 회사들은 종종 엔지니어, 공사비 컨설턴트, 심지어 건축사 등의 외부인을 '컨설턴트'로 고용합니다. 컨설턴트는 개인 또는 회사일 수 있으며, 특정 분야에 대한 전문 지식을 제공합니다. 이것은 합법적이고 타당한 것입니다. 하지만 일부 고용주는 기꺼이 협조하는 직원을 공모자 삼아 컨설팅 방식으로 고용employment을 제안합니다. 이러한 약정은 고용주가 시, 주 및 연방정부의 원천징수세와 고용세를 납부해야 하는 의무는 물론 실업 및 근로자재해보상 보험료를 줄일 수 있도록 해줍니다. 컨설턴트라고 불리는 직원들은 번거로운 공제 없이 수표를 집으로 가져갈 수 있고, 특정 비용을 세금상의 목적으로 사업 공제로 청구할 수 있는데, 이것은 직원들에게 허용 가능한 공제가 아닙니다. 이는 매력적으로 들릴지 모르지만, 국세청은 '컨설턴트'와 '직원'을 구별하는 매우 명확한 규칙을 가지고 있습니다. 만약 당신의 고용주가 당신에게 무엇

을 어떻게 해야 하는지 말한다든가, 주로 고용주의 사무실에서 당신의 고용주를 위해 일한다든가, 그리고 만약 당신이 다른 사람들을 위해 일하지 않고 당신의 근무 시간 대부분을 그 고용주를 위해 일한다면, 당신은 컨설턴트가 아니라 직원으로 간주됩니다(결국, 스스로 치과의사라고 부른다고 당신이 치과의사가 되는 것은 아닙니다). 장기적으로 이러한 악용은 고용주와 직원 모두에게 피해를 줍니다. 고용주에게는 사기, 세금 체납, 직원 책임에 대한 잠재적 노출을 만들고, 직원에게는 업무상의 부상 및 실업 그리고 보수 및 서비스를 받은 후 장기간의 세금 부채 등의 위험으로부터 보호될 기회를 상실함으로써 피해를 줄 수 있습니다. 모든 악용 사례와 마찬가지로, 결국 모든 사람이 고통을 겪게 됩니다.

The Workplace
업무 공간

건축사는 물리적 환경의 중요성과 거주자들에게 제공할 수 있는 긍정적인 효과를 믿습니다. 건축사의 업무 공간은 종종 그들의 신념과 가치 그리고 자원을 현명하고 효율적이며 맛깔스럽게 사용하는, 그들의 세상에 대한 가장 구체적인 방식으로써 명확한 표현이기도 합니다. 다시 말해, 당신의 사무실은 아마도 의사나 변호사의 사무실보다 전문가로서 당신에 대해 더 많은 것들을 말할 것입니다. 그렇다고 당신의 사무실이 사치스러울 필요는 없습니다. 실제로, 그것은 당신의 수수료가 그에 상응할 것이라고 생각하거나 또는 당신의 가치관을 표현하는 방식이 궁금한 고객들이 겁을 먹을 수도 있습니다. 훌륭한 사무실은 당신 집의 잘 구성된 방부터, 사무실 건물의 여러 층을 차지하는 넓은 공간까지 다양할 수 있습니다.

우리 회사가 비교적 작은 규모였을 때(약 15명) 우리는 햇빛이 가득하고 경치가 좋은 쾌적한 사무실을 가지고 있었습니다. 한 고객은 우리가 그들의 일을 따낸 이유가 먼저 선택한 사무실이 너무 어둡고 우울해서 그 회사의 좋은 평판에도 불구하고, 매주 회의하러 그곳으로 간다는 생각을 견딜 수 없었기 때문이라고 했습니다. 매력적인 업무 공간은 헨리 홉슨 리처드슨이 프로젝트를 얻는 데(혹은 잃는데) 결코 언급한 적이 없는 한 가지 방법입니다.

그 스펙트럼의 다른 쪽 끝에는 제가 건축학교에서 여름 동안 일했던 회사의 사무실이 있었습니다. 그들은 뉴욕 미드타운에 있는 파크 애비뉴 건물의 3개 층을 쓰고 있었습니다. 로비 응접 공간(바르셀로나 의자로 장식된)을 마주한 회의실 벽은 짙은 녹색의 앤티크 베르데 대리석[3]으로 바닥에서부터 천장까지 덮여 있었습니다. 층을 연결하는 아름답게 세공된 계단에는 커다란 오부손 태피스트리[4]가 걸려 있었습니다. 스튜디오는 개방적이고 넓고 빛이 가득했으며, 제도용 책상 사이에 높이가 낮은 칸막이들이 있었습니다. 사무실 공간은 고객과 직원에게 조용하고 웅장하고 우아하며 강인한 인상을 주었고, 모든 것이 이 회사에 적합했습니다.

요점은 작은 스타트업이든 더 큰 규모의 사무소이든, 사무실의 크기와 실내 장식을 필요성과 고객에게 맞도록 조정하십시오. 사람의 업무 편의성, 기술 변화 및 직원 상호 작용을 고려하여 계획을 하십시오. 보관 공간(샘플, 참고 도서, 파일 및 도면, 등 오래 보관할 자료들입니다)도 포함시키십시오. 그리고 좋은 커피메이커를 위한 공간도 계획하십시오. 건축사사무소는 실용적이고 표현력이 뛰어나야 하지만 비용을 내는 것이 부담스러울 정도로 비싸서는 안 됩니다. 너무 화려하면 너무 평범한 것만큼이나 사업상의 리스크 요소가 될 수 있다는 것을 기억하세요.

미주 ───

[1]   제너럴리스트(generalist)는 전문가(specialist)와 대비되는 개념으로, 다방면의 지식을 두루 가진 사람을 의미한다.

[2]   루스-리스(loose-leaf)는 페이지를 뺏다 끼웠다 하게 되어 있는 형태(바인더나 파일 등)를 말한다.

[3]   Antique Verde marble. 녹색을 띠는 대리석의 한 종류이다.

[4]   태피스트리(tapestry)는 무늬를 놓은 직물 예술의 한 형태이며, 오부손(Aubusson) 태피스트리는 중앙 프랑스 지역에 위치한 오부손에서 제조된 태피스트리이다.

CHAPTER 10

보험, 법률, 회계에 관한 사안

Insurance, Legal, and Accounting Matters

보험, 법률, 회계에 관한 사안
Insurance, Legal, and Accounting Matters

보험 이슈

자동차보험이든 전문인배상책임보험이든, 모든 종류의 보험은 동일한 원리로 작동합니다. 보험의 근본적인 개념은 리스크의 공동화 또는 공유화입니다. 그것은 개인이나 회사의 리스크를 그러한 리스크로부터 보호해주는 보험회사carrier[1]로 전가하는 것입니다. 많은 개인이나 기업은 예측할 수 없는 일(대개 나쁜 일)이 발생할 경우, 더 많은 금액을 회수할 수 있는 능력을 분담하기 위해, 매년마다 상대적으로 적은 금액인 보험료insurance premium를 지불합니다. 돈을 모으고 재분배하는 회사에서 회수할 수 있는 최대 금액을 보상금coverage이라고 합니다. 보험회사는 각각의 잠재적 피보험자의 리스크를 평가하고, 인수underwriting라고 불리는 과정을 통해 그 리스크를 부담하는 비용을 결정합니다. 보험회사가 피보험자와 체결한 협약을 보험증권policy이라고 합니다. 보험회사는 보험가입자인 피보험자로부터 보험료를 징수하고, 그 자금을 보호 및 투자수익을 위해 투자합니다. 보험계약자가 사고event(가입한 보험이 보장하는 손실)를 겪을 때 보험계약자는 보험회사에 클레임claim을 제기합니다. 보험회사는 제기된 클레임이 보상되는 사고covered event에 대한 것임을 알게 되면 보험계약자에게 손실에 대해 지급합니다. 일반적으로 보험료 비용을 줄이는 것을 돕기 위해, 보험 정책에는 보험계약자가 지불하는 금액인 자기부담금 deductible[2]이 포함됩니다. 따라서 보험회사는 보장 금액에서 자기부담금을 뺀 손실액을 보상합니다.

일반 사업 보험General Business Insurance

건축사는 많은 리스크에 직면하기 때문에, 이에 대비하기 위해 보험을 고려해야 합니다. 모든 사업체는 화재, 도난, 홍수 및 기물 파손 등으로 인해 자산, 일반적으로 사무실과 사무실의 내용물(가구, 비품, 컴퓨터 장비 등)이 손실될 가능성에 직면해 있습니다. 또한 건축사는 귀중한 문서들을 보험에 들 수 있습니다(우리의 도면은 당연히 가치가 있습니다!). 이와 같은 것들은 책상과 의자처럼 간단하게 교체할 수 있는 것이 아닙니다. 책임보험은 고객이 사무실에서 미끄러지거나 넘어지거나 다치는 등의 사고를 보상합니다. 재산 및 책임보험은 모두 BOP(찰리 파커[3]와 전혀 관련이 없음)로 알려진 다중위험사업자보험 multi-peril business owner's policies 또는 일반상업책임보험commercial general liability insurance, CGL으로 제공합니다. 이 보험들은 다음에서 논의되는 직업적 과실에 대해서는 보호하지 않습니다.

사업중단보험business interruption insurance은 이름에서 알 수 있듯이 화재, 폭발, 허리케인 또는 붕괴로 인해 사업을 운영할 수 없는 경우 지속적인 고정비용, 수익 손실, 일시적 또는 영구적인 이전 비용까지도 보상합니다. 대부분의 사업주들은 또한 직원들의 특정한 리스크에 대한 보험을 듭니다. 주 및 연방법은 작업 중 직원의 부상(대부분의 주에서 근로자는 그러한 손실에 대해 고용주를 고소할 수 없습니다)을 보상하는 근로자재해보상보험과 실업보험을 의무화합니다. 직원에게 혜택을 주기 위한 선택적인 보험 형태에는 건강, 치과, 장애 및 생명보험이 있습니다(고용주가 근로자에게 제공할 수 있는 기타 비보험 혜택으로는 퇴직금 제도, 401-K 과세 유예 저축 제도, 이익 분배 제도 등이 있습니다).

건설 및 전문인 보험 Construction and Professional Insurance

건설업계에 특화된 두 번째 리스크 그룹은 입찰보증, 이행보증, 지급보증(5장과 8장에서 논의) 등의 보증으로 보호됩니다. 게다가 건축주들은 종종 시공자 보험contractor's insurance을 요구합니다. 프로젝트의 모든 당사자를 위한 모든 리스크와 책임을 포괄하는 프로젝트 보험project insurance도 이용 가능합니다. 보험 자문인은 건축주와 시공자에게 이러한 옵션에 대해 조언합니다.

마지막으로 가장 중요한 것은 회사의 과거 및 현재 직원과 건축주에게 전문 서비스의 부주의, 오류와 누락(이 보험은 오류 및 누락에 대한 E&Oerrors and omissions 보험으로 통칭되기도 합니다)으로 인한 클레임 및 클레임 조정 비용(주로 변호사 비용, 때로는 실제 클레임 금액을 초과할 정도로 매우 커질 수 있는 금액)을 보상하는 건축사의 전문인배상책임보험architect's professional liability insurance입니다. 일반적으로 건축주와 계약을 맺은 사람뿐만 아니라 전문가의 부주의로 인해 악영향을 받을 수 있는 제3자third parties에 의해서도, 설계 전문가에 대한 클레임이 제기될 수 있습니다(예를 들어, 건축사가 설계한 비에 젖은 미끄러운 인도에서 행인이 넘어지는 경우). 이 전문 분야의 전문가인 보험중개인과 변호사는 전문인배상책임보험에 대해 건축사에게 조언할 수 있습니다. 한정된 수의 보험회사가 이러한 보상 범위를 제공하고 있으며, 회사들이 이 분야에 진출 및 퇴출함에 따라 해마다 다소 차이가 있습니다. 건축회사들은 경쟁적인 견적이나 입찰을 얻기 위해 여러 보험회사에 신청서를 작성하는 것이 일반적입니다. 보험에 대한 견적을 제공하기 전에 모든 보험회사는 인수업무부서에 당신의 리스크 정도를 알기 위해 고안된 긴 설문지를 작성하도록 요구합니다. 주요 정보에는 회사의 소송 및 판결 이력, 회사의 규모(청구된 총 수수료 금액과 과거, 현재 및 예상 미래 연도에 시행된 건설로 판단), 회사가 하는 일의 종류(댐, 원자력 발전소, 교량 및 콘도 등 일부 건물 유형들, 다른 분야보다 더 높은 소송 제기 가능성) 그리고 회사의 업무에 가장 많이 사용되는 프로젝트 수행 방법의 형태(설계-입찰-시공 및 패스트트랙 프로젝트는 역사적으로 4장에서 다룬 다른 프로젝트 수행 방법보다 더 많은 분쟁을 야기합니다) 등이 있습니다. 추가 고려사항으로는 소유주 대 직원의 비율, 건축사자격증이 있는 직원 대 건축사자격증이 없는 직원의 비율, 규모의 안정성, 건축주의 계약서[4]가 아닌 표준 AIA 문서의 사용, 고객의 일관성 등이 있습니다. 마지막으로, 보험회사들은 신청자가 소송으로 이어질 수 있는 상황을 인지하고 있는지 묻습니다. 잠재적인 문제를 공개하면 보험회사가 더 높은 보험료를 청구할 수 있겠지만(또는 보험 적용을 거부), 완전히 공개하지 않은 사실을 발견하면 보험회사가 보험금 보장을 거부할 수 있기 때문에 정확하게 답변해야 합니다.

각 회사의 전반적인 리스크 또는 노출과 더불어 회사가 원하는 보상금액(특정 연도의 '발생 건당' 및 특정 연도의 모든 발생 건에 대한 '집계'의 두 가지로 기술되는 경우가 많습니다) 그리고 자가보험으로 처리할 의사가 있는 손실액(자기부담금)으로, 보험료가 결정됩니다.

건축사의 전문인배상책임보험은 통상 배상청구기준claims made basis 으로만 가입할 수 있습니다. 즉, 대부분의 일반 보험처럼 과실이 발생했을 때(손해사고기준occurrence basis) 배상하는 것이 아닌, 보상금 지급 청구가 발생했을 때 보험회사가 손해를 배상하는 것입니다. 예를 들어 내가 2004년에 프로젝트를 설계했고, 2005년에 건설되었으며, 2006년에 내가 잘못 설계한 이유로 물이 새어서 2007년에 건축주가 청구(소송)를 한다면, 2007년에 내가 전문인배상책임보험에 가입한 보험회사가 2004년, 2005년 및 2006년에 당시 다른 보험회사를 이용했다 하더라도, 청구를 처리(지급하는)하는 보험회사가 됩니다. 배상청구기준 보험의 중요한 결론은 이러한 보험이 이전 행위prior acts들도 보상한다는 것입니다. 즉, 현재의 보험 기간 이전에 수행한 서비스도 현재 보험의 적용을 받습니다. 이러한 '실무' 보험은 회사에서 수행한 작업을 보장합니다. 이와는 대조적으로, 8장에서 언급한 프로젝트 보험은 일반적으로 건축주가 비용을 지급하며 프로젝트에 관련된 모든 당사자들을 보호합니다. 건축사를 위한 프로젝트 보험의 장점은 회사의 전문인배상책임보험에서 해당 프로젝트와 관련된 모든 리스크를 배제함으로써 후속 실무 보험의 보험료 비용을 낮춘다는 것입니다. 프로젝트 보험은 건축주에게 지속적인 보상을 보장하고, 적용 대상자 간의 클레임 비용을 절감하며, 제3자의 소송에서 공동 방어 비용을 충당할 수 있는 이점이 있습니다.

만약 당신이 회사를 운영하다가 은퇴하기로 결정한다면, 과거에 수행했던 작업에 대한 향후 클레임으로부터 어떻게 자신을 보호할 수 있을까요? 실무를 그만둔 이후에 명시된 기간 동안 클레임으로부터 보호를 받는 보험을 가입하십시오.

앞에서 전문인배상책임보험이 건축사의 전문적 서비스와 관련하여 발생하는 클레임으로부터 보호한다고 언급했습니다. 이 보험이 보호하지 않는 것은 무엇이 있을까요? 일반적으로 보증 및 보장(따라서 함부로 보장을 하지 않는 것이 중요합니다), 사업자 보험과 근로자재해보상보험으로부터 보호되는 일반 사업의 비전문적인 문제들, 사업적 의무들(임대료 또는 컨설턴트 지급 등), 사기 또는 범죄 행위, 청구서를 지급하지 않는 고객 및 위험 자재(위험 물질 hazmat)와 관련된 특정 서비스를 제외합니다. 보험 보상 범위와 제외 사항들은 보험회사에 따라 다르며, 보험은 경험 많은 보험 자문인과 변호사의 도움을 받아 회사의 특정 요구에 맞게 신중하게 비교해야 합니다.

일부 기업은 특정 리스크에 대해 보험에 가입하지 않고 대신 자가보험 self-insure[5]을 합니다. 자기부담금이, 보호되는(보험이 된) 리스크의 자가보험의 일부분인 것처럼, 주어진 리스크에 대해 전혀 보험을 들지 않는 것 또한 그 전체 리스크에 대해 자가보험을 하는 것입니다.

법적 이슈

　　　　　법적 이슈는 거의 모든 실무 측면에서 발생합니다. 계약 관련 사항들은 5장, 7장, 8장에서 다룹니다. 회사 소유와 고용 실무는 9장에서 논의됩니다. 공공의 제약과 관련된 사안들은 12장에서 논의됩니다. 여기서는 과실 및 독점금지와 관련된 사안들을 다룹니다.

　법적 의무는 세 가지 방법으로 발생됩니다. 계약contract에 의해, 한 당사자는 다른 당사자에게 특정한 일을 이행하는(혹은 이행하지 않을 것을) 약속을 합니다. 법령statute에 의해, 지방, 주, 연방정부는 입법부와 행정부를 통해 법률을 통과시키고 규정을 만듭니다. 마지막으로, 관습법common law에 의해, 모든 수준에서의 법원의 판례와 판결들은 의무를 발생시킵니다.

　연방정부가 제정하고 건축사에게 영향을 미치는 법령(법과 규정)에는 저작권, OSHA[6] 규정, 세금, 실업보험 그리고 반독점 등이 포함됩니다. 주는 계약, 전문직 면허(자격증), 사업 규칙, 소유 형태, 근로자재해보상보험, 실업보험, 소멸시효 그리고 세금 등을 규제합니다. 지방자치단체(도시와 마을)는 조닝, 건축법규, 사업 세금, 랜드마크 등을 관리합니다.

　건축사는 전문적인 방식으로 행동하고 합리적인 주의의무기준stand-ard of care을 행사할 것으로 기대되며, 보통은(일반적으로 사회에 의해, 특히 소송에서, 법원의 판사나 배심원 또는 중재의 중재자에 의해) '합리적으로 신중한 건축사가 같은 시간과 장소에서, 동일 또는 유사한 사실과 상황에서 행할 행동'을 할 것으로 판단됩니다. 건축사가 주어진 상황에 대한 적절한 주의의무기준을 충족했는가에 대한 여부는, 일반적으로 건축사의 법적 의무와 권리를 규정하는 전문 증인의 증언에 의해 결정(일반적으로 소송의 맥락에서)됩니다. 일부 건축주/건축사 계약에서는 일반적인 수준 이상의 주의의무기준을 요구하기도 합니다. 건축사의 의무는 계약에서 더 많은 일을 하겠다고 약속함으로써 증가할 수 있습니다. 만약 계약에 '최고 전문적 수준의 서비스' 또는 '최고의 가능한 전문적 서비스'를 제공할 것을 요구한다면, 이 기준은 상당히 높아지게 되며 건축사는 약속된 것을 이행하지 않은 것으로 판명되어 분쟁에 얽힐 가능성이 커지게 됩니다. 실제로, 많은 전문인배상책임보험은 이러한 상황으로부터 보호하지 않습니다. 따라서 변호사와 보험회사에 표준 계약서와 대비하여 다르게 제안된 부분을 보여주고 그러한 조항이 보험에 가입할 수 있는지 여부를 확인하는 것이 중요합니다(협상에서 고객에게 건축주/건축사 계약에 추가하거나 삭제하려는 조항이 건축사의 전문인배상책임보험을 무효로 만들 것이라고 말하면 고객은 해당 조항이 얼마나 절실히 필요한지 다시 생각하게 될 것입니다). 앞서 언급한 바와 같이, 보증, 보장 및 일반적인 주의의무기준보다 더 높은 수준을 제공하거나, 전문 서비스를 수행하기 위해 달성할 수 없는 일정을 제공하는 것과 같은 특정 약속은 보험에 들지 못하게 할 수 있습니다. 당신은 완벽함을 제공할 필요는 없으며 합리적인 수준의 주의의무기준만 제공하면 됩니다. 당신은 실수를 할 수 있지만, 단지 합리적이고 신중한 건축사가 비슷한 상황에서 할 수 있는 것 이상의 실수만 하지 않으면 됩니다. 당신이 더 많은 것을 약속하지 않는다면 말입니다.

누구나 언제든지 당신을 고소할 수 있지만, 그렇다고 해서 그들이 반드시 이길 수 있는 것은 아닙니다.

건축사를 상대로 한 전문적 과실 소송에서 승소하려면, 소송 당사자(원고)는 다음의 네 가지를 입증해야 합니다.

1. 의무duty. 건축사는 무언가를 해야 할(또는 하지 말아야 할) 법적 의무가 있습니다. 이 의무는 건축주/건축사 계약서, 법령 또는 선례에서 비롯될 수 있습니다. 이것은 일반적으로 합리적인 주의의무기준을 제공하는 것을 포함합니다(물론 당신이 더 많은 것을 약속하지 않는 한, 약속한 수준의 주의를 제공하는 것이 당신의 의무입니다).

2. 위반breach. 건축사는 행위(건축주의 허가 없이 시공자에게 계약 총액을 증가시키는 작업을 지시하는 등의 행위), 실수(프로젝트의 기후에 적합하지 않은 지붕 제품을 지정하는 등의 잘못된 행위를 하는 것) 또는 누락(지붕 프로젝트에 충분한 세부 정보를 제공하는 것과 같이 했어야 할 일을 하지 않는 것)등에 의해 의무를 수행하는 데 실패합니다.

3. 원인cause. 의무 위반이 원고에게 피해를 입힌 직접적인 원인입니다.

4. 피해damage. 결과적으로 발생한 실제 피해 또는 손상

원고는 건축사의 건전한 전문적 서비스를 받을 권리가 있는 건축주나 보행자 또는 이웃과 같은 제3자일 수 있습니다. 일부 관할 구역의 제척기간statute of repose은 원고가 소송을 제기할 수 있는 권리에 대한

시간 제한을 규정합니다. 시간 제한의 시작일 또는 유발날짜trigger date 는 실질적완공일이 될 수도 있고 또는 잠재적인 문제가 발견되었을 때 일 수도 있습니다(모호하므로 바람직하지 않습니다). 또한 소멸시효 statutes of limitations가 있는데, 이는 상해 또는 손상 발생일로부터 클레임 을 제기할 수 있는 시한을 정의합니다.

건설 세계에서 클레임은, 일반적으로 부적절한 설계에서 문제가 발생하는 설계오류design errors 또는 실제 공사가 도면 및 시방서에 따라 건설되지 않고 그것의 불일치가 피해의 원인이 되는 시공오류contruction errors에 대한 것입니다. 건축사는 설계오류에 대한 책임이 있고, 시공 자는 시공오류에 대한 책임이 있습니다. 실제로 문제의 원인을 지정 하는 것은 때때로 어렵지만, 7장에서 언급했듯이, 대부분의 계약은 건 축주가 건축사와 시공자 모두에 대해 단일 조치를 취할 수 있도록 하 는, 공동소송 joinder을 금지하고 있습니다. 이는 본질적으로 "나에게 문제가 있습니다. 나는 그것이 누구의 잘못인지 모릅니다(또는 상관 하지 않습니다). 단지 당신 둘 다 배상하길 원합니다"라고 말하는 것 과 같습니다. 어떤 문제에 대해 과실을 지정하는 것은 문제를 해결하 는 데에 있어서 매우 중요하며, 공동소송이 금지될 때 필요합니다.

7장에 설명된, 데크의 누수가 있던 사무실 건물 사례를 기억하십 니까? 공사가 끝나고 얼마 후, 우리는 지붕 데크 아래에서 약간의 누 수가 있다는 것을 건축주로부터 들었습니다. 우리는 검사를 한 후, 몇 가지 수리 방법을 추천했습니다. 하지만 1년이 넘도록 아무런 연락이 없었고, 결국 건축주는 시공자와 우리를 함께 고소했습니다. 다음은 그들이 소송을 제기한 방법에 있어서 몇 가지 결함과 소송에서 이러한 결함으로 인해 문제를 해결하는 데 보다 합리적인 접근방식을 취하도록 설득한 방법입니다. 우리 변호사와 보험회사는 건축주/건축사 및 건축주/시공자 계약서를 검토하고 건축주에게 두 가지 계약 모두 공동소송을 금지했기 때문에 건축사와 시공자에 대한 별도의 조치가 필요하다고 통보했습니다. 따라서 건축주는 문제가 설계오류(건축사를 소송)에서 비롯되었는지 또는 시공오류(시공자를 소송)에서 비롯되었는지 판단해야 했습니다. 건축주는 단순히 누군가의 책임인 문제가 있다고만 말할 수 없으며, 법원에 그것이 건축사인지 시공자인지를 밝혀달라고 요청할 수도 없습니다. 더욱이, 계약서에는 중재를 요구하였는데, 이는 건축사의 주된 사업(그 계약에 따른 건축사에 대한 건축주의 소송 위치)장소와 프로젝트(시공자에 대한 건축주의 소송 위치)장소가 동일한 주에 있지 않기 때문에 각기 다른 주에서 행해질 것이었습니다. 이러한 조건을 고려하여 건축주는 네 당사자(건축주, 시공자, 건축사, 지붕 하도급자)들이 간단한 수리비를 분담하는 것으로 원만한 해결에 동의했습니다. 교훈: 만약 모든 사람이 함께 협력하고 부담을 분담함으로써 문제를 해결할 수 있다면, 당신을 궁지로 몰아가서 변호사를 불러 소송을 제기하는 것보다 훨씬 낫습니다.

건축사, 건축주 및 시공자는 어떠한 프로젝트에서든 리스크에 직면합니다. 리스크는 발생할 확률과 가능한 결과 또는 손실의 심각도에 따라 평가되어야 합니다. 일반적으로, 프로젝트의 해당 분야를 가장 잘 통제할 수 있는 당사자에게 해당 리스크를 할당하는 것이 공정합니다. 건축사는 설계오류에 대한 리스크를, 시공자는 비용 및 시간초과와 시공오류에 대한 리스크를, 건축주는 사업적 관점에서 성공하지 못한 결과에 대한 리스크를 수용합니다. 각 당사자는 잠재적 보상이 부담하는 리스크에 대하여 충분한지, 그리고 보험자에게 이전할 수 있는 리스크의 양(그리고 어느 정도의 비용인지)이 얼마나 되는지에 대해서 평가해야 합니다. 리스크 관리란, 리스크를 사전에 파악하고, 발생 가능성을 줄이기 위한 조치를 취하고, 발생한다면 신속하고 적절하게 대응하며, 피해를 줄이거나 완화하기 위해 가능한 조치들을 취하는 것을 의미합니다. 프로젝트를 수락하는 건축사는 발생할 수 있는 리스크에 대하여 대가가 충분한지 결정해야 합니다. 대가는 철저한 문서 세트를 제작하고, 꼼꼼히 검사하고, 제출물 및 건설 중에 현장에서 충분한 시간을 보내는 데 필요한 시간을 충당해야 합니다. 이러한 단계들은 리스크를 감소시키기 위해 필수적입니다.

건축사는 손실의 규모에 상관없이 일정한 금액으로, 아마도 그들의 대가 가치 정도로 책임을 제한하는 계약 조항을 포함하거나, 클레임을 제기하는 기간을 '유발날짜'로 제한을 함으로써, 리스크에 대한 노출을 줄일 수 있습니다. 이와 같은 조항이 집행이 가능하려면, 특정 주의 법률과 일치해야 하고 계약 관계가 아닌 제3자의 클레임에 대한 건축사의 리스크 노출 정도를 감소시켜서는 안 됩니다.

일부 건축주의 계약에는 보상indemnification 또는 '면책' 조항이 포함되어 있는데, 여기에는 한 당사자가 다른 당사자의 책임에 대해 지불하기로 합의하는 데 동의하는 것으로, 책임을 이전하고 리스크를 수용하는 것입니다. 리스크가 보통 누구로부터 누구에게 이전되고 있는지 추측해 보십시오. 이러한 조항은 건축사의 변호사와 보험회사가 검토해야 합니다. 만약 그것이 보험에 가입할 수 없는 조항이 아니더라도, 추가적인 리스크를 초래하면 그에 상응하는 추가 보상이 있어야 합니다.

독점금지Antitrust는 고려해야 할 마지막 법적 사안입니다. 독점금지가 건축사와 어떻게 관련이 있는지 궁금하실 수도 있습니다. 독점금지법은 (1) 가격을 고정하거나 유지하는 것, (2) 경쟁자나 고객을 보이콧하는 것 또는 (3) 사업이나 고객을 할당하는 것을 불법이라고 여깁니다. 거래를 부당하게 제한하는 둘 이상의 당사자 간의 모든 합의는 불법입니다. AIA(미국건축가협회)의 회원이었던 건축사들이 청구할 수 있는 최소 대가를 설정한 AIA 대가 일람표는 #1항(6장 참조)을 위반했습니다. 만약 두 명의 건축사가 특정 고객을 위해 일하지 않기로 동의한다면, 그들은 #2항을 위반하는 것입니다. 그리고 여러 회사가 모여서 (이 프로젝트는 내 것이고, 저 프로젝트는 네 것이다) 업무를 분담한다면, 그들은 #3항을 위반하는 것입니다. 법을 어기려는 음모는 실패하더라도 여전히 법을 어기는 것입니다. 합리적인 대가 설정이 상호 관심사일지라도 이론적으로 경쟁자가 되어야 하는 동료들과 대가에 대해 논의할 수 없으며, 수백 명의 건축사가 프로젝트를 위해 경쟁하고 있더라도 잠재 고객에게 청구할 수 있는 대가에 대해 논의할 수 없습니다. 그러나 과거에 대해 이야기하는 것은 불법이 아닙니다. 과거 당신이 수행한 일의 청구한 대가에 대한 것은 논의할 수 있습니다.

1980년대에 AIA의 뉴욕 지부는 열악한 보상 문제를 다루려고 노력했고 회사들이 초임 건축사들에게 합의된 초임 급여를 지급할 것을 제안했습니다. 그들이 받은 보잘것 없는 금액을 고려하면, 그 생각은 결코 급진적으로 보이지 않았습니다. 미 법무부 반독점부는 AIA가 1970년대 최저 대가 일람표를 폐지하고 다시는 반경쟁적 조치를 공포하지 않겠다고 약속한 동의령을 명백히 위반한 것으로 보고 달리 생각했습니다. 법무부는 AIA/NYC의 초봉 설정(모든 급여에 영향을 미치도록 파장을 일으킬 수 있는)에 대한 아이디어가 경쟁사로 간주되는 회사들 사이에서 건축사들의 대가의 주요 구성 요소인 급여를 수정하기 위한 합의라고 생각했습니다. 이 문제에 대해 젊은 건축사를 교육하고 민감하게 만드는 요구사항을 포함한 또 다른 동의령이 서명되었습니다. 이것이 제가 여기서 하려는 것입니다.

회계 이슈

11장에서는 프로젝트에서 돈을 버는 방법에 대해 설명합니다. 여기서는 당신 회사의 재무 상태를 정확하게 파악할 수 있는 기본적인 회계 개념을 설명합니다. 이러한 개념은 모든 규모의 회사(1명이든 500명이든)에 적용됩니다(또한 필수적이기도 합니다). 물론 큰 회사는 보다 정교한 도구를 사용합니다. 여기에는 두 가지 기본적인 경제적 측면의 이슈가 있습니다. 하나는 주어진 기간 동안 돈이 들어오고 나가는 것에 관한 것이고, 그 다음은 어느 한 시점에서의 기업의 가치에 대한 것입니다.

들어오는 돈은 수입income, 나가는 돈은 비용expense으로 알려져 있습니다. 이러한 내용은 월, 분기 또는 연과 같은, 특정 기간으로 수입 및 비용 명세서income and expense statement(그림 10.1 참조)에 기록됩니다. 이 명세서는 과거에 대한 것일 수도 있고 미래에 대한 예측일 수도 있습니다. 건축사사무소의 일반적인 수입에는 전문 서비스에 대한 대가, 상환 가능한 비용, 임대료(공간이나 부동산 일부를 전대하는 경우) 및 투자 수입이 포함됩니다. 비용에는 일반적으로 봉급, 급여 및 기타 급여 관련 세금 및 비용, 컨설턴트에게 지급되는 수수료, 임대료, 전화,

수입 및 비용 명세서
2006년 1월 1일에서 12월 31일까지

LEE MILLER ARCHITECTURE
1771 S Central Ave
Phoenix AZ 85004
602.345.3344
www.lma.pro

수입

수수료	$550,000.00
변제가능액	$8,500.00
책상 임대	$4,500.00
은행 계좌 이자	$375.00
총 수입	**$563,375.00**

비용

급여	$254,000.00
건강보험료	$17,000.00
전문인배상책임보험료	$12,000.00
일반사업보험료	$2,500.00
변호사 비용	$2,500.00
회계 비용	$6,000.00
전화비	$3,500.00
임대료	$32,000.00
새 장비 구입비	$6,000.00
장비 수리비	$1,500.00
복사기 임대료	$2,400.00
총 비용	**$339,400.00**

이익	**$223,975.00**

파트너 인출액(Partners' Draw)	$200,000.00
현금 증가액	$23,975.00

10.1 급여('인출액')가 곧 이익인 두 명의 파트너가 있는 소규모 회사의 1년 수입 및 비용 명세서 샘플(여기에는 장비 감가상각과 같은 세금 관련 사안은 표시되지 않음)

장비 임대료(복사기 및 컴퓨터 등), 보험료, 우편료, 배달 서비스, 대출 이자, 장비 및 소프트웨어 구입, 정보 서비스, 구독료 등이 포함됩니다. 수입이 비용보다 크면 이익profit이고, 수입이 비용보다 작으면 손실loss입니다. 따라서 수입과 비용에 관련된 이 문서를 손익계산서profit and loss statement, P&L라고 합니다.

　비용은 특정 프로젝트에 귀속되는 직접비용direct expenses과 사무실 운영하는 데 드는 비용(간접비)인 간접비용indirect expenses으로 더 나눌 수 있습니다. 예를 들어, 프로젝트에 소비되는 시간에 대해 지급되는 급여의 일부는 직접비용으로 각 프로젝트에 할당되고, 휴가, 병가, 사무직 및 휴일에 지출되는 부분은 간접비용이 됩니다.

　수입과 비용은 의무가 발생할 때 일어나는 것으로 간주하는 발생주의accrual basis 회계 또는 실제 입출금 거래가 발생할 때 일어나는 것으로 간주하는 현금주의cash basis 회계가 있습니다. 10월 31일에 고객에게 서비스에 대한 명세서를 보내고 수표를 받아 11월에 입금하면, 발생주의 회계로는 10월의 소득이고, 현금주의 회계로는 11월의 소득입니다(수표는 현금주의 회계로 사용할 수 있으며, 이것은 두 개의 장부를 보관하는 것과 다릅니다. 단순히 거래를 추적하는 두 가지 다른 방법일 뿐입니다). 전문 서비스 회사들은 세금 목적으로 수입과 비용을 현금주의 방식으로 보고합니다. 현금주의 회계는 또한 회사의 현금흐름을 관리하기 위한 정보를 제공하기 위해 필요하며, 따라서 급여 지급일에 실제로 직원들에게 급여를 지급할 돈이 은행에 있는지 알 수 있도록 해줍니다. 더 큰 그림에서 또는 더 '거시적인' 척도에서는 발생주의 방식이 당신의 재정상태, 즉 장기적으로 당신의 수입과 비용이 얼마인지를 알려주는 데 더 유용합니다.

　수입 및 비용명세서는 어떠한 지속시간이 있는 영화와 유사하다면, 회사의 재정을 보는 또 다른 관점은 일 년 또는 반 년의 마지막 날과 같은 주어진 순간의 스냅사진과 같습니다. 이 관점은 회사가 당시 가지고 있는 모든 가치(자산)를 봅니다. 여기에는 은행 계좌의 현금,

고객이나 다른 사람들이 빚지고 있는 금액(미수금accounts receivable 또는 AR), 장비(컴퓨터 및 가구 등)의 가치, 사무실 개선, 부동산 보유 및 기타 모든 투자 등이 있습니다. 이와 반대되는 것으로 회사의 모든 의무(부채liabilities)가 있습니다. 여기에는 납부해야 할 세금, 직원, 컨설턴트, 공급업체, 판매업체(미지급금accounts payable 또는 AP)에게 지급해야 하는 금액, 그리고 미상환 대출금 등이 있습니다. 이 두 열로 된 일람표는 자산 및 부채 명세서asset and liability statement입니다. 자산과 부채의 차이는 회사의 순자산net worth 또는 가치입니다(그림 10.2 참조). 현실적으로, 건축회사들(실제로, 대부분의 전문 서비스 회사들)은 큰 순자산을 가지고 있지 않습니다. 제 아버지의 말을 인용하자면, 서비스 회사에서는 "매일 밤 엘리베이터를 타고 재고가 내려갑니다."[7]

중소규모의 회사에서는 전문 서비스업에 정통한 좋은 범용 회계사 정도면 만족스러울 것입니다. 건축회사를 전문으로 하는 회계사는 필요 없습니다. 회계사는 주어진 실무 회사에 대한 최상의 형식을 전략화하는 데 도움을 주고, 관련 규제와 세금 문제 및 보고 요구사항을 안내하며, 장부를 기록하는 것을 돕고, 모든 적절한 정부 기관의 규정을 준수하고 유지하는 데 도움을 줍니다. 인투이트Intuit의 퀵북스QuickBooks 또는 퀵북스 프로QuickBooks Pro와 같은 합리적이고 좋은 소프트웨어 패키지는 회계사의 의견을 보충하고 현금주의 및 발생주의 회계 방식 모두 중소 규모 회사의 기록을 유지하는 것에 도움이 될 수 있습니다. 이러한 프로그램은 수입 및 비용 명세서를 작성하고, 손익계산서를 만들며, 심지어 직원의 시간과 비용을 프로젝트별로 추적할 수도 있게 해 줍니다. 또한 이러한 프로그램은 미수금과 미지급금을 추적하며, 컴퓨터가 없던 과거에 비해 사무실 관리의 많은 재무적 측면을 훨씬 더

LEE MILLER ARCHITECTURE
1771 S Central Ave
Phoenix AZ 85004
602.345.3344
www.lma.pro

자산

현금	$32,000.00
미수금	$45,500.00
장비	$9,000.00
가구	$4,000.00
총자산	**$90,500.00**

부채

미지급금	$18,000.00
잔여 장비 대출금	$7,800.00
총부채	**$25,800.00**

순자산	**$64,700.00**

10.2 소규모 회사를 위한 자산 및 부채 명세서 샘플

단순하게 만들어 줍니다.

장부를 보관하는 재미 때문에 건축을 직업으로 선택한 사람을 본 적이 없습니다. 하지만 정확한 최신의 기록은 당신의 현재의 재정적인 위치를 파악하고 프로젝트 및 사업의 수익 창출에 도움을 줍니다. 그리고 이윤은 회사가 디자인을 더 잘 할 수 있도록 디자인을 가다듬을 시간을 주고, 최대한 좋은 디자인을 만들 수 있도록 도와줍니다. 가능한 한 마찰을 최소화하고 효율적으로 문서화를 잘 할 수 있게 하여

의도하는 대로 건설될 수 있도록 해주며, 건설 현장에서 충분한 시간을 할애하여 작업을 주의 깊게 관찰하고, 훌륭한 직원을 영입하고 교육시키고 유지할 수 있게 해줍니다. 또한 최고의 작업을 수행할 수 있도록 건물과 장비를 마련하고, 불황을 극복할 수 있는 자원을 보유하게 해주며, 사업을 마케팅하고, 가능한 최고의 프로젝트를 유치할 수 있도록 도와줍니다.

미주 ─────────────────────────────────────

[1] 미국에서는 보험회사를 캐리어(carrier)라고도 한다.
[2] 자가부담금(deductible)은 공제액이라고도 하며, 보험가입자가 부담하는 금액이다.
[3] 찰리 파커(Charle Parker, 1920~1955). Be-Bop이란 노래를 부른 가수로 원저자가 BOP(business owner's policy)와 발음 및 표기가 비슷한 단어임을 활용하여 희극적으로 표현한 것이다.
[4] 건축주가 준비한 계약서(owner's agreement)는 건축사에게 불리한 조건이 포함될 가능성이 상대적으로 더 크다.
[5] 자가보험(self-insured)은 자보험이라고도 부르며, 보험에 들지 않고 우연한 재산적 손해에 대비하기 위해 리스크를 측정하고 일정 비율의 금액을 적립해두는 것을 의미한다.
[6] OSHA(Occupational Safety and Health Act)는 미국산업안전보건청이 1970년도에 제정하여 오늘날 미국에서 적용되는 법으로, 근로자들이 안전하고 쾌적한 환경에서 일할 권리를 보장하는 것을 목적으로 한다.
[7] 즉, 자산은 직원이고 이들이 저녁마다 퇴근하는 것에 비유한 것이다.

프로젝트 관리

Project Management

프로젝트 관리
Project Management

프로젝트란 계획된 과업입니다. 프로젝트는 필요에서 시작하여, 그 필요를 충족시키기 위한 계획과 계획을 실현하기 위한 실행으로 이어집니다. 건축 프로젝트는 설계이자 곧 해당 설계의 건축된 표현입니다(때로는 지어지지 않은 디자인을 프로젝트라고 부르기도 하지만, 여기에서는 그 단어를 더 완전하고 건설되고 실현된 의미로 사용합니다). 프로젝트 관리는 프로젝트를 실현하는 데 있어서의 일련의 고려 사항 및 조치들을 말합니다. 건축사들은 항상 프로젝트 관리를 실천해왔지만, 프로젝트 관리에 이름이 붙은 것은 지난 50년 동안에 불과합니다. 이 기간 동안 무언가를 설계하고 건설하는 데 필요한 노력의 복잡성이 너무나 증대하여 특별한 기술, 전문지식 및 도구가 필요하게 되었습니다. 독립 컨설턴트 및 회사가 이제 고객에게 이러한 기술을 제공하지만, 가장 복잡하고 어려운 프로젝트를 제외하고는, 건축사가 프로젝트 관리자 역할을 가장 효과적으로 수행할 수 있는 역량을 갖추었다고 생각합니다.

모든 건축 프로젝트는 무언가를 짓기를 원하는 건축주나 고객으로부터 시작됩니다. 프로젝트 관리의 첫 번째 과제는 전체 프로그램뿐만 아니라 과제 수행에 사용할 예산, 일정 및 자원을 포함하여 과제를 명확하게 규정하는 것입니다. 그런 다음 프로젝트 매니저(건축주, 건축사, 제3자 또는 그러한 당사자들의 구성원)가 일의 수행을 위해 팀을 구성합니다. 프로젝트 수행 방식 중 설계-입찰-시공 방식에서는 일반적으로 시간이 지남에 따라 단계적으로 팀이 선택됩니다. 먼저 건축사, 그다음으로 건축사를 위해 일하는 컨설턴트, 그다음으로 시공자 순으로 구성됩니다. 다른 프로젝트 수행 시스템에서는 팀이 다른 순서로 구성될 수 있습니다.

Project Schedule
프로젝트 일정

업무가 명확하게 규정되고 합의된 후에 팀 조직하기가 시작되면, 프로젝트 매니저는 프로젝트 실현을 위해 필요한 단계들의 일정을 준비합니다. 일정은 다양한 방법으로 표현될 수 있습니다. 소형 주택 증축과 같은 매우 간단한 프로젝트의 경우, 그림 11.1과 같이 '마일스톤[11] 리스트'인 각 단계의 완료 날짜 나열만 하는 것일 수 있습니다. 그림 11.2와 같이 확장된 일정표는 각 작업의 시간 일정과 건축사의 예상 인력, 시간 및 청구 요율을 결합하여 각 작업과 관련된 건축사의 대가를 보여줍니다. 이것은 프로젝트 기간 동안 전문 서비스에 대한 대가와 관련된 현금 흐름 예측을 건축주와 건축사에게 제공합니다. 중간 규모 프로젝트에 사용되는 약간 더 복잡한 일정은 그림 11.3에 표시된 간트차트Gantt chart라고 알려진 막대 차트입니다.

초기 작업 일정
2006년 5월 1일

작업	시작일	마감일
설계 방향 설정, 대지 현황 기록	8.25.06	9.29.06
모든 주요 구성 요소 설계	10.2.06	10.31.06
인허가 세트 준비 및 상세 설계 완료	11.1.06	12.1.06
실시설계도서 완료	12.4.06	2.28.07
공사 계약 입찰 및 협상	3.1.07	3.30.07
오래 걸리는 중요한 품목 주문, 시공자 준비	4.2.07	4.30.07
건축부서 접수 및 허가	12.1.06	3.30.07
공사 단계	5.1.07	10.31.07

11.1 간단한 프로젝트 일정표의 샘플로 수행해야 할 작업 및 관련 일정을 보여줍니다. 이 경우 작업은 서비스의 일반적인 5단계(포함되어 있기는 하지만)와 일치하지 않습니다. 이는 프로젝트의 특정 요구 사항에 맞게 범위를 맞춤 조정하는 것을 의미합니다.

초기 작업 일정 및 건축사 대가 예산
2006년 5월 1일

작업	시작일	마감일	직원	시간	가격	비용	합계
설계 방향 설정, 대지 현황 기록	8.25.06	9.29.06	KD	40	165	$6,600	
			PR	100	100	$10,000	
			MK	75	75	$5,625	
							$22,225
모든 주요 구성 요소 설계	10.2.06	10.31.06	KD	40	165	$6,600	
			PR	150	100	$15,000	
			MK	150	75	$11,250	
			SD	150	85	$12,750	
							$45,600
인허가 세트 준비 및 상세 설계 완료	11.1.06	12.1.06	KD	25	165	$4,125	
			PR	150	100	$15,000	
			MK	150	75	$11,250	
			SD	150	85	$12,750	
							$43,125
실시설계도서 완료	12.4.06	2.28.07	KD	50	165	$8,250	
			PR	300	100	$30,000	
			MK	450	75	$33,750	
							$72,000
공사 계약 입찰 및 협상	3.1.07	3.30.07	KD	10	165	$1,650	
			PR	100	100	$10,000	
							$11,650
오래 걸리는 중요한 품목 주문, 시공자 준비 작업	4.2.07	4.30.07	PR	30	100	$3,000	
							$3,000
건축부서 접수 및 허가	12.1.06	3.30.07					
공사 단계	5.1.07	10.31.07	KD	40	165	$6,600	
			PR	240	100	$24,000	
							$30,600
							$228,200

11.2 동일한 간단한 프로젝트 일정표에 관련 일정, 예상 직원 소요 시간 및 그에 따른 대가를 같이 표기한 것

# 업무	차례	기간	시작일	마감일	직원
1 설계 방향 설정, 대지 현황 기록		26 days	8/25/06	9/29/06	KD, PR, MK
2 모든 주요 구성 요소 설계	1	1.1 mos	10/2/06	10/31/06	KD, PR, MK, SD
3 인허가 세트 준비 및 상세 설계 완료	2	1.1 mos	11/1/06	12/1/06	KD, PR, MK, SD
4 실시설계도서 완료	3	3.2 mos	12/4/06	2/28/07	KD, PR, MK
5 공사 계약 입찰 및 협상	4	1 mo	3/1/07	3/30/07	KD, PR
6 오래 걸리는 중요한 품목 주문, 시공자 준비 작업	5	1.05 mos	4/2/07	4/30/06	PR
7 건축부서 접수 및 허가	3	4.3 mos	12/1/06	3/30/07	
8 공사 단계	6, 7	6.55 mos	5/1/07	10/31/07	KD, PR

11.3 간트 차트 형식의 프로젝트 일정표

# 업무	차례	기간	시작일	마감일	직원
1 설계 방향 설정, 대지 현황 기록		26 days	8/25/06	9/29/06	KD, PR, MK
2 모든 주요 구성 요소 설계	1	1.1 mos	10/2/06	10/31/06	KD, PR, MK, SD
3 인허가 세트 준비 및 상세 설계 완료	2	1.1 mos	11/1/06	12/1/06	KD, PR, MK, SD
4 실시설계도서 완료	3	3.2 mos	12/4/06	2/28/07	KD, PR, MK
5 공사 계약 입찰 및 협상	4	1 mo	3/1/07	3/30/07	KD, PR
6 오래 걸리는 중요한 품목 주문, 시공자 준비 작업	5	1.05 mos	4/2/07	4/30/06	PR
7 건축부서 접수 및 허가	3	4.3 mos	12/1/06	3/30/07	
8 공사 단계	6, 7	6.55 mos	5/1/07	10/31/07	KD, PR

11.4 CPM 차트상의 프로젝트 일정표

이 일정표에는 상단에 시간(일, 주 또는 월 단위), 작업 목록 및 각 작업을 완료해야 하는 시기를 표시하는 막대가 있습니다(종종 수행할 사람을 표시하기 위해 색상으로 구분됩니다). 이 형식은 마일스톤 리스트보다는 더 많은 정보를 제공하지만, 여전히 작업의 관계를 명확히 보여주지는 않습니다. 이를 위해서는 그림 11.4에 표시된 보다 정교한 크리티컬 패스 방식Critical Path Method, CPM 또는 PERTProject Evaluation and Review Technique 차트가 필요합니다. 막대차트처럼 보이지만 CPM은 중요한 수준의 정보, 즉 각기 다른 작업을 시작하기 위해 수행되어야 하는 특정 작업의 정보를 추가합니다. 이 선은 '핵심 경로'로 표시되며 프로젝트의 완료 속도를 높이기 위해 어떤 단계를 더 빨리 수행해야 하는지 알려줍니다. 이러한 단계를 가속화하기 위해 자원을 추가하면 이 핵심 경로가 변경되어, 가능한 신속한 처리를 위한 다른 작업들을 보여줍니다.

일정관리는 프로젝트와 관련된 모든 당사자가 각각의 역할, 즉 자신이 무엇을 해야 하는지, 언제 완료해야 하는지에 대해 합의할 수 있게 해줍니다. 개인이든 회사든 각 당사자가 필요할 때 자원을 사용할 수 있도록 도와줍니다. 또한 프로젝트 매니저가 프로젝트의 다양한 단계를 모니터하여 각 단계가 일정대로 완료되었는지 확인하는 도구이기도 합니다. 만약 작업이 일정에 따라 완료되지 않으면, 프로젝트 매니저는 초과 근무, 직원 추가, 교대 근무와 같은 보충적인 프로그램을 알맞게 사용할 수 있습니다. 또는 프로젝트 기간을 연장할 수도 있습니다(일반적으로 '지각'으로 알려져 있으며, 건축주에게는 인기가 없습니다).

마이크로소프트 프로젝트Microsoft Project와 같은 프로젝트 관리 소프트웨어 패키지를 합리적인 비용으로 사용할 수 있습니다. 이 소프트웨어는 사용법을 배우기 쉽고, 프로젝트 매니저가 복잡한 일정을 쉽게 준비, 수정 및 업데이트할 수 있게 해주며, 대체 '가상' 시나리오를 쉽게 개발할 수 있도록 도와줍니다.

Project Organization
프로젝트 조직

프로젝트 관리는 프로젝트의 성공에 중요한 절차적 문제 역시 포함합니다. 목표, 설계, 일정 및 예산과 마찬가지로 당사자들은 관리 방식에 대해서 합의해야 합니다. 허브 앤 스포크 방식hub-and-spoke[2]에서 모든 소통은, 모든 결정을 내리는 하나의 중심 당사자를 통해 이루어집니다. 표준 AIA 건축주/건축사 및 건축주/시공자 계약서에서, 모든 당사자는 건축주에게 지속적인 정보를 제공하는 데 동의한 건축사를 통해서 의사소통이 이루어질 것이라는 데 합의합니다. 이것은 건축사를 허브로 하는 전형적인 허브 앤 스포크처럼 보이지만, 아주 작은 프로젝트 이외에는 운영하는 데에 있어서 가장 효과적인 방법은 아닙니다. 어떤 것이 더 좋을까요? 정기적인 프로젝트 미팅을 통해 더 많은 사람이 정보를 공유하는 프로세스, 즉 모든 당사자(또는 그 대리인)가 모든 사안을 듣고 불가피하게 발생하는 문제에 대한 해결책을 논의할 수 있는 프로세스입니다. 만약 모두가 참여한다면, 프로젝트와 당사자 모두에게 이익이 될 수 있습니다. 모든 사람은 적절한 시기에 관련된 정보와 견해를 듣고 어떻게 결정이 내려졌는지 이해할 수 있습니다. 모든 당사자의 참여는 "나는 그것을 몰랐다"라든가 "누군가 내 생각을 물어봤어야 했다"라는 상황 등에서 야기될 수 있는 갈등을 줄여줍니다. 모든 정보는 합의되고, 질서정연하며 잘 기록될 수 있는 프로토콜로 전달되는 것은 여전히 중요합니다. 이 정보는 회의록, 메모, 이메일 또는 기타 서면 기록으로 문서화됩니다.

모든 사람이 공통의 목표와 문제를 함께 해결하고자 하는 열망을 갖고 하나의 팀으로 일할 때, 프로젝트는 당사자들 간 적대적일 때보다 더 원활하게 진행되고 모두에게 더 이익이 될 가능성이 커집니다. 파트너링partnering이라고 불리는 공식적인 절차는 팀워크를 장려하고, 때로는 건축주, 건축사, 시공자 단독 또는 공동으로 고용하는 외부 조력자가 주최하는 워크샵 및 팀 구성 회의를 통해 분쟁을 예방하는 데 도움이 됩니다. 프로젝트 보험은 분쟁을 줄일 수 있는 또 다른 간접적인 방법을 제공합니다. 마지막으로, 다른 나라에서 시도되고 있는 다른 방법들은 실제로 상당한 금전적 보너스를 제공하는 것으로, 제시간에, 예산에 따라, 그리고 분쟁 없이 잘 마무리되는 프로젝트에 관련된 모든 당사자들에게 보너스를 주는 것입니다. 일에서의 마찰은 금전적으로나 정신적으로나 직업적으로나 모두 사람에게 피해를 줍니다. 뉴욕에 기반을 둔 우리 회사가 시애틀에 지사를 열었을 때, 우리는 프로젝트에 관련된 사람들이 모두 고품질의 작업을 가능한 한 효율적이고 고통 없이 수행하고자 하는 열망을 공유하고 있음을 발견했습니다. 일은 보다 좋아졌고, 수익성이 더 높아졌으며, 훨씬 재밌어졌습니다. 우리는 여기서 배운 것을 적용하여 동부에서 함께 일했던 고객과 시공자들을 훨씬 더 신중하게 선택했고, 그 결과가 비슷하다는 것을 발견하게 되었습니다. 우리는 지속적인 관계를 맺고 있는 이들과 더 많은 반복적인 고객으로 만들기 위해 열심히 일했고, 그 결과 프로젝트의 대부분은 이전에 함께 일했던 고객들을 위한 것이 되었습니다. 지난 10년 동안 많은 프로젝트를 함께 했던 한 고객은 새로운 프로젝트마다 동일한 팀(건축사, 엔지니어, 시공자 및 하도급자)을 사용할 것을 요구했습니다. 이 고객은 좋은 팀 교류를 적극적으로 장려했으며, 정기적인(그리고 매우 즐거운) 팀 야유회와 이벤트를 주최했습니다. 손가락질이나 논쟁은 결코 없었습니다. 일의 품질은 매우 높아졌고, 관련된 모든 사람에게 경제적으로 보람 있고 효과적이었습니다.

효과적인 프로젝트 관리를 위해서는 집중과 규율을 필요로 합니다. 모든 단계를 처리할 수 있는 올바른 방법을 알아야 할 뿐만 아니라, 프로젝트의 시작부터 끝까지 정확하고 체계적으로 수행하는 것이 필요합니다. 적절한 경로를 통해 소통해야 합니다. 모든 정보를 명확하고 철저하게 기록하여 수년 후 기록을 보는 사람이 정확히 무슨 일이 일어났는지 이해할 수 있도록 하십시오. 쉽게 검색할 수 있도록 문서를 정리하고 보관하도록 하십시오. 사무실에서는 스케치, 도면, 편지, 이메일, 노트 및 전화 로그와 같은 정보를 논리적이고 일관성 있는 파일 체계로 저장하는 것이 중요합니다. 사무실에 있는 모든 사람이 각 프로젝트의 기록을 다르게 분류하고 보관하면 다른 사람이 찾을 수 없습니다. 디지털 보관 방식은 이 작업을 훨씬 더 쉽게 만들었습니다.

Project Budgeting

프로젝트 예산

　　　　　　　　우수한 프로젝트 관리는 프로젝트의 품질, 기간 및 비용 등 프로젝트의 모든 측면을 관리합니다. 일반적으로 범위와 품질이 아직 초기 단계인 계획설계 단계에서 공사비에 대한 예산을 효과적이고 의미 있게 조정하는 것이 건축주와 건축사에게 가장 쉽습니다. 입찰 단계에서의 비용 조정은 신중한 대안alternate의 사용을 통해 이루어질 수 있습니다. 건설 중에 예산을 변경하는 것은 매우 어렵습니다(프로젝트의 주요 삭감 항목 부족). 물가 상승 및 우발상황에 대한 예산은 모든 단계마다 존재해야 합니다.

　　프로젝트의 복잡성이나 비정상적인 특성으로 인해 비용에 큰 변동이 발생할 수 있습니다. 시공자는 익숙한 것을 만드는 것을 좋아하며, 일반적으로 자신들에게 익숙하지 않은(따라서 무서운) 설계에 대해서는 매우 큰 할증금을 부과합니다. 크기, 모양, 높이, 공간 효율성, 시스템 및 재료의 품질과 같은 디자인 요소는 모두 상당한 비용의 영향을 미칩니다. 프로젝트 위치는 기후, 시공 용이성, 임금률, 지역 노동력의 노조화 정도, 노동력과 자재와의 근접성, 잘 관리되는 시공자 이용 가능성 정도의 측면에서 비용에 영향을 미칠 수 있습니다. 토양의 수용 능력, 암석 제거의 필요성, 빗물 및 정화 시스템에 대한 배수 용량, 유틸리티의 이용 가능 정도, 지역 법규 및 조닝 규제의 엄격성과 같은 장소의 특정적 요인도 비용에 영향을 미칩니다.

　　정상적인 계약에서 건축사는 프로그램과 예산이 '적합'한지 확인할 책임이 있습니다. 프로그램 요구에 비해 적은 예산으로 잘 풀릴 것이고 입찰 과정에서 운이 따를 수 있다고 생각하며 프로젝트를 시작하지 마십시오. 당신은 그럴지도 모르겠지만 전 기대하지 않을 것입니다. 전 그러한 일이 결코 일어나는 것을 본 적이 없습니다.

5장에서 설명하였듯이, 일의 모든 각 단계에서 건축주에게 예산 업데이트 및 확인을 해야 합니다. 이는 최선의 직업적 판단이지 보장이 아니라는 것을 기억하십시오. 많은 건축사는 건축주에게 모든 건설 항목의 정확한 수량, 개수, 평방 피트square footage, 피트 길이linear foot-age 등을 나열하는 **상세 물량 산출**detailed quantity take-off, 수량을 목록화하고 단위당 적절한 시장 비용(단위 비용)을 적용한 **상세 비용 견적**detailed cost estimate, 유효 수명 동안 건물의 실제 비용을 결정하는 **생애주기비용 분석**life-cycle cost analysis과 같은 표준 서비스 범위에 포함되지 않는 서비스를 제공할 자격이 있습니다. 생애주기비용 분석은 원래 비용(건설, 토지 및 수수료)뿐만 아니라 자금 조달, 운영 및 유지 보수 비용(예상 에너지 비용 포함)과 수리 및 교체 비용도 고려합니다. 이는 미래 이자 비용을 추정하고 실제 비용의 시기를 고려하여 현재가치로 조정합니다. 건축주는 생애주기비용 분석을 통해 더 나은 정보에 입각한 결정을 내릴 수 있습니다. 예를 들어, 미래 연간 에너지 비용을 줄이기 위해 에너지 효율이 높은 부품을, 더 큰 초기 건설비용을 지불하고 선택하여, 건물의 수명 기간 동안 총비용을 절감하는 효과를 창출하는 것입니다.

고객을 위한 프로젝트 관리는 누가 할까요?

건축은 복잡한 분야입니다. 건축사는 큰 문제를 더 작고 소화하기 쉬운 문제로 분해하고 각각에 대해 적합한 해결책을 찾는 방법을 배웁니다. 우리는 프로젝트에서 엔지니어 및 기타 컨설턴트와 같은 많은 관련 분야의 노력을 지휘하고 조정해야 합니다. 많은 프로젝트 관리 컨설턴트가 일반적으로 건축주의 대리인으로서 자신의 서비스를 건축주에게 마케팅하지만, 그들 중 건축사가 가진 교육, 전문기술 및 지식의 폭과 깊이를 제공할 수 있는 사람은 거의 없습니다. 가장 효과적인 프로젝트 관리 컨설턴트는 건축사 또는 법률이나 엔지니어링과 같은 관련 분야의 전문 교육을 받은 경우가 많습니다.

다른 사람들은 도움이 되지 않을 뿐만 아니라(건축주에게 막대한 비용이 소요됨) 프로젝트에 실질적인 방해가 되기도 합니다. 그들은 문제가 발생하면 아무런 책임을 지지 않음에도 불구하고 프로젝트가 어떻게 잘못되었는지, 어떻게 나쁜 일이 발생하지 않도록 방지할 것인가에 대한 이야기들로 건축주를 두렵게 하며 종종 서비스를 판매합니다. 그런 다음 (아마도 무의식적으로, 아니면 제가 사람을 판단하는 데 관대한 것일까요?) 그들의 몫을 위해 문제를 만들어야 합니다. 게다가 때때로 건축주와 건축사 사이에서 건축주와 건축사 간의 의사소통을 거르려고(제어하고 심지어 왜곡하는) 합니다. 이것은 나쁜 프로젝트로 가는 확실한 방법입니다. 대체로 프로젝트가 매우 복잡하거나 어려운 경우가 아니라면 고전적인 3자(건축주, 건축사, 시공자) 프로세스가 가장 명확하고 공정하며 효과적으로 작동합니다. 건축사가 적절하고 필요한 서비스를 제공할 수 있는 적절한 자격을 갖추고 충분한 보상을 받아야 한다는 점에 좌우되기는 합니다. 또한 건축주의 역할을 제대로 수행할 수 있는 시간과 집중력을 갖춘 고객이 필요합니다.

Architects' Management of Their Own Services
건축사의 자체 서비스 관리

프로젝트 관리에는 전반적으로 프로젝트를 실행하는 것뿐만 아니라 건축사사무소 내에서 진행 상황을 모니터링하는 것도 포함됩니다. 회사에 이익이 되는 프로젝트를 만들기 위해서는 많은 부분들이 준비되어 있어야 합니다. 건축사의 서비스 범위는 명확하게 명시되어야 합니다. 건축사가 할 수 있는 일, 프로젝트가 필요로 하는 것, 건축주가 기대하는 것과 일치해야 합니다. 건축사의 대가는 그러한 서비스를 제공하기에 충분해야 합니다. 건축사는 효율적이고 효과적인 방법으로 서비스를 수행해야 하며 각 작업 단계에 대한 서비스의 시간과 비용에 대해 신중하게 예산을 세우고 모니터링해야 합니다. 마지막으로, 기대치가 하나라도 충족되지 않으면(예를 들어, 대가로 받는 것보다 더 많은 서비스가 제공되고 있는 경우), 건축사는 이를 신속하게 인식하고, 원인을 파악해야 하며, 이를 시정해야 합니다. 문제가 외부 요인(예: 재설계를 필요로 하는 고객 주도의 프로그램 변경 또는 시공자의 불이행으로 건축사가 추가 관리 서비스를 수행해야 하는 경우)에 기인하는 경우, 건축사는 인상된 대가를 받고 문제를 해결하고 수정해야 합니다.[3] 소규모의 단순한 프로젝트의 경우 대가 책정에 대비하여 작업, 일정 및 기간, 인원 및 요율을 나열하는 그림 11.2와 같은 작업 계획표를 만들어야 합니다. 각 단계에서 건축사의 직원이 소비한 '실제 시간'을 '예산 시간'과 기록 및 비교를 통하여 모니터링을 하고, 프로젝트가 진행됨에 따라 수정할 수 있습니다. 대규모 프로젝트 역시 동일한 방식으로 운영되지만, 전문 서비스 예산의 일정 관리, 계획 및 모니터링을 위한 보다 정교한 소프트웨어 도구를 사용합니다.

훌륭한 디자인이 훌륭한 건축의 필수적인 요소이기는 하지만, 해당 디자인의 성공적인 구현 역시 마찬가지입니다. 높은 품질의 실행에 필요한 프로젝트 관리 기술과 노력은 건축사나 건축주에게 충분히 인정받지 못하는 경우가 많습니다.

미주 ─────────────────────────────────

[1] 마일스톤(milestone)은 원래는 표지석을 의미하는 것으로서, 프로젝트 진행 과정에서 특정할 만한 사건을 지칭한다.

[2] 자전거 바큇살(spoke)이 중심축(hub)으로 모이는 것처럼 전달이 중심으로 집중된 후 다시 개별 지점으로 전달되는 방식이다.

[3] (옮긴이 주) 원문에서는 '대가 인상 없이(without fee increase)'라고 설명되어 있으나, 이는 원문에서의 단순오기라고 판단된다. AIA B101-2017 건축사/건축주 계약서에 따르면, 건축사가 합리적으로 예상할 수 없는 상황으로 인해 예산이 초과될 경우, 건축사는 추가 서비스로 예산에 맞게 설계를 변경하고 이에 대한 대가를 받아야 한다.

조닝과 건축법규

Zoning and Building Codes

조닝과 건축법규
Zoning and Building Codes

면허(자격증), 저작권, 계약, 책임과 같은 많은 법과 규정들이 건축의 실무에 영향을 미치는 반면, 건물의 설계에 가장 영향을 미치는 두 가지 정부의 통제는 조닝와 건축법규입니다. 이 두 가지 법률 중 더 '거시적'인 조닝 Zoning[1]은 주어진 부지에서 건물의 허용 용도와 크기, 배치 및 모양, 그리고 건물 주변에 영향을 미치는 다른 사안들을 관리합니다. 이와는 대조적으로 건축법규 Building Codes[2]는 주로 건축물의 안전과 관련된 더 많은 '미시적' 문제를 다룹니다. 조닝과 건축법규는 모두 지역사회의 건강, 안전 및 복지를 위해 재산 소유자의 개인 권리에 대한 합리적인 침해를 하는 것으로 간주될 수 있습니다. 개인의 권리와 공공의 이익 사이의 균형(또는 "정부가 내가 소유한 땅에서 내가 무엇을 할 수 있는지에 대한 것")은 수년에 걸쳐 조정되어 왔으며, 정부의 조치와 이에 대한 법정에서의 이의 제기 등을 통해서 지속적으로 논쟁이 되고 수정되고 있습니다. 사유재산에 대한 정부의 통제의 정도는 나라마다 다릅니다. 날씨에서부터 인구 밀도, 정치적, 사회적 관습에 이르기까지 지역적 차이에 의해 영향을 받고 지역 조건에 의해 야기되는 다양한 요구에 대응합니다.

대개 주들은 조닝과 건축법규를 둘 다 도입할 수 있는 권한을 가지고 있습니다. 각 주는 이 권한을 지방정부에 이양하여 이를 제정·관리 및 집행할 수 있도록 합니다. 뉴욕시와 같은 몇몇 대도시들은 역사적으로 그들만의 조닝과 건축법규를 작성했지만, 많은 지방 자치체들, 특히 작은 도시들, 마을들은 전체적, 혹은 약간의 수정을 통해 표준 건축법규를 채택하기로 선택합니다. 때때로 지방정부는 그들의 조닝의 작성 또는 업데이트를 도와줄 컨설팅 회사를 고용하기도 합니다. 이러한 법규는 해당 지역의 세부 사항을 고려하지만 대개 일반 모델을 기반으로 합니다.

The Architect's Role
건축사의 역할

모든 프로젝트가 시작될 때, 건축사는 특정 프로젝트가 준수해야 하는 조닝, 건축법규 및 기타 법규 또는 법률을 파악하기 위해, 일반적으로 지역 건축 부서의 적절한 사람(작은 마을의 건물 조사관, 더 큰 도시는 도면 검사관)을 만납니다. 예를 들어, 뉴욕시에 있는 아파트 건축사는 도시 건축법규와 조닝 결의안뿐만 아니라 뉴욕주 공동주택법 New York State Multiple Dwelling Law과 연방 ADA[3] 요건도 충족하도록 설계해야 합니다. 프로젝트에 적용되는 각 법률 또는 법규의 최신 사본이 필요하며, 가능한 경우 온라인상에서 해당 법률 또는 법규에 접근할 수 있어야 합니다. 법률과 해당 지역에 대해 알고 있더라도 새로운 프로젝트마다 관련 법규를 꼼꼼히 검토하여 어떤 부분이 적용되는지 확인하십시오(이 모든 것을 알고 있다고 말하는 사람은 거짓말을 하는 것입니다). 도면이 발전함에 따라, 건물 관계자들과 만나 질문하고 메모하며 해결책을 검토하세요. 이러한 프로세스는 효율적일 수도 있지만, 부적절하게 관리되는 경우 고통스럽고 비용이 많이 들 수도 있습니다.

당신의 책임은 모든 적용 가능한 법규를 준수하는 건축 설계를 하고 완성된 건물이 해당 법규를 충족한다는 것을 건축주와 지역사회에 보증하는 것입니다. 이것은 쉽지 않습니다. 실제로, 때때로 완전히 불가능할 수도 있습니다. 당신은 일부의 용어를 한 방향으로 해석할 수도 있고, 건물 조사관은 다른 방식으로 해석할 수도 있습니다. 어떤 프로젝트는 건축부서, 계획 및 조닝, 소방 및 고속도로 부서와 같은, 하나 이상의 기관 관할에 속하는 경우도 있습니다. 여러 법이 적용되는 경우 설계는 가장 엄격한 규정을 따라야 합니다. 법규를 연구하고(그 말인즉, 여러 번 읽는 것) 해당 건축부서 직원, 유사한 프로젝트에 익숙한 다른 건축사, 그리고 정부 당국과 상담하는 것이 일을 올바르게 완수하는 데에 도움이 될 것입니다. 법규와 실무 기준은 끊임없이 변화하므로, 평생에 걸친 지속적인 학습은 필수적입니다.

설계 단계에서 법규 요구 사항을 충족하지 못하면 어떻게 됩니까? 다시 설계하십시오. 공사하는 동안은? 다시 건설하십시오. 하지만 기억하세요. 주의의무기준 standard of care은 항상 완벽하거나 옳도록 되는 것을 의미하는 것은 아닙니다.

조닝

모든 지역 관할 구역은 주 법에 따라 조닝 법규(또는 '법' 또는 '결의안')를 가질 수 있습니다. 법령(입법부 제정)과 규정(행정부 제정)은 관할 구역의 물리적 개발을 안내하고 통제합니다. 또한 목표로 하는 물리적, 인구 밀도와 용도, 그리고 이러한 개발을 지원하기 위한 도로, 대중교통, 공공시설, 학교 및 의료 시설 등의 기반 시설과도 연결됩니다. 소규모 시와 마을은 보통 작은 책자에 담을 수 있는 비교적 간단한 규칙들을 가지고 있지만, 대도시의 복잡한 법들은 여러 권의 책을 채울 수 있습니다. 다음은 거의 모든 조닝 법규에 공통적으로 적용되는 기본 사항에 관한 것입니다.

법규는 지도와 텍스트의 두 부분으로 나뉩니다. 지도는, 작은 마을의 경우 한 페이지에 들어갈 수도 있고 대도시의 경우 50페이지 이상으로 확장될 수 있습니다. 관할 구역의 전 영역을 보여주고 이를 각각의 다른 지역 zone으로 나눕니다. 각 지역은 법규의 텍스트 부분들에 해당하는 분류가 지정됩니다. 시골 지방의 경우, 지역은 위계가 다른 주거지역(R20, R40 등), 농업지역 및 상업지역일 수도 있습니다. 도시는 일반적으로 주거지역, 상업지역, 공업지역(농장은 포함되지 않습니다)을 포함합니다. 지도는 특정 부지의 지역, 지구 명칭(해당 부지에 대해서 배우는 데 유용합니다)과 특정 지역 분류의 경계를 알려주어 텍스트의 규칙에 적용되는 영역을 찾는 데 유용합니다.

조닝 법규의 텍스트는 일반적으로 관리에 관한 부분으로 시작하는데, 이 부분은 법이 무엇을 다루고 어떻게 관리되는지(제안 검토 및 법

시행)를 명시합니다. 다음으로 흔히 기술 용어 정의 부분이 나오는데, 때때로 같은 용어가 일반적인 영어 사용에서의 의미와 다르거나 더 구체적인 의미를 갖는 경우도 있습니다. 용어의 정의는 법 해석의 목적으로, 용어가 사용되는 방식을 명확하게 설명합니다(예를 들어 '지하실'과 '저장실'의 구분 등).

대부분의 조닝 법규는 지도에 표시된 각각의 분류된 조닝 지역 또는 지구에서 허용되는 것을 명시합니다. 여기에는 단독 주택에서 도축장, 무두질 공장에 이르기까지 상상할 수 있는 모든 용도의 목록이 포함되어 있습니다(물론 일부 법규는 오래전에 작성되었습니다). 용도는 교통, 소음 및 오염의 정도에 따라 덜 유해한 것(예: 저밀도 주거 용도)에서 유해한 것(예: 중공업)에 이르기까지 다양하며, 때때로 가장 유해한 것부터 그렇지 않은 것까지 정도에 따라 용도 분류 번호로 등급이 매겨집니다. 그런 다음 텍스트는 용도와 지도화된 지역을 상호 연관시켜 어떤 용도가 어느 지역에 위치할 수 있는지, 즉 각 조닝 지역, 지구에서 허용용도 permitted uses가 무엇인지를 나타냅니다. 오래된 도시에서는 도시들이 잘 정립된 이후에 조닝 법규가 작성되었으며, 최초의 조닝 지도는 일반적으로 이미 존재하는 것과 관련하여 허용 용도를 정리하기 위해 그려졌습니다. 항상, 잘 작성된 지도의 기본 목표는, 해당 지역의 역사(기존 건물의 유형과 용도), 물리적 특징(지형, 수로, 조망), 인공 속성(공공시설, 서비스, 도로, 대중교통) 및 특정 지역의 성장을 촉진 또는 다른 지역에서는 제한할 수 있는 지방자치단체의 계획 목표를 고려하는 것입니다. 일반적인 목표는 서로 다른 용도의 인접 또는 근접을 방지하는 것입니다. 예를 들어, 새로운 공장이 기존 주거지역에 들어서지 않도록 하는 것입니다. 잘 계획된 지역은 일반적으로 지역 전체에 걸쳐 용도의 변화가 점진적으로 나타납니다. 예를 들어, 주택 옆에 소매업, 그 옆에 경공업, 그 옆에 중공업이 있지만, 중공업 바로 옆에 주택이 있는 경우는 없습니다.

법규 텍스트는, 용도 이외에도 허용되는 건물의 크기와 모양 및 부지에서의 건물 배치와 같은, 규모 bulk에 대한 것을 다룹니다. 규모의 규제는, 인구 및 건축면적(그리고 그에 따른 인프라의 성장과 수요의 측면) 측면에서, 관할 구역 각 부분의 미래 개발 밀도를 통제할 뿐만 아니라, 향후 개발로 인해 발생할 수 있는 인근 부지 및 공공 도로에서의 빛과 공기의 감소 가능성에 대해서도 통제합니다.

크기는 일반적으로 두 가지 방법으로 통제됩니다. 첫째, 주어진 부지에서의 최대로 허용되는 면적은, 일반적으로 최대 허용 면적 비율 또는 용적률 floor area ratio 또는 FAR, 즉 건물이 위치한 부지의 면적에 대한 건물의 전체 바닥 면적(연면적)으로 정의됩니다. 1 이하 분수에서부터 20 이상[4]이 될 수도 있는 용적률은, 주어진 부지에 건설할 수 있는 최대 면적을 계산하는 기반이 됩니다. 이는 최대 허용 용적률에 부지의 크기를 곱하여 구합니다(예를 들어, 50'×100' 크기의 부지에서 허용 용적률이 3인 경우, 총 바닥 면적(연면적) 50'×100'×3 평방피트, 즉 15,000평방피트를 건설할 수 있습니다). 그 면적이 분배될 수 있는(또는 해야 하는) 층의 개수는 허용된 건물의 형태에 따라 결정됩니다. 법은 건물의 용도를 고려하여 특정 부지에 대해 다른 최대 용적률을 제공할 수 있습니다. 즉, 주거 건물의 경우 x용적률을, 학교 건물의 경우 y용적률을 허용할 수 있습니다. 때때로 법은 건축주가 부지 개발에서 필수는 아니지만 지역사회에 이익이 되는 특별한 기능을 제공하는 경우 추가 또는 보너스 용적률을 허용하는 경우가 있습니다.

이러한 인센티브 조닝은 시의 환경 개선을 장려할 수 있습니다. 밀도가 높은 대도시에서는, 혼잡을 유발하는 인도의 지하철 입구를 대체하기 위해 건물에 지하철 입구를 제공한 건축주에게 보너스 용적률이 주어질 수 있습니다. 지하철 입구를 위해 귀중한 1층 공간을 포기하는 대가로 건축주에게 상층부에 추가 평방피트의 바닥 면적이 허용됩니다.

건물의 크기를 결정하는 두 번째 규칙은 건물의 **높이와 후퇴** height and setback[5] 요건으로, 건물의 **형태** shape에도 영향을 미칩니다. 용적률과 마찬가지로 허용 높이와 요구되는 후퇴 정도는 조닝 지역, 지구별로 다르며 지도와 상호 관련되어 있습니다. 높이 요건은 단순히 허용 가능한 숫자(피트) 또는 층수로 정의될 수 있습니다(높이의 정의를 보려면 법규의 정의 부분을 참조하십시오. 경사지붕의 끝부분까지인지? 꼭대기층의 천장까지인지? '바닥'과 '층' 사이에는 차이가 있는지? '메자닌'[6]이란 무엇인지?). 이 규칙은, 예를 들어 허용된 높이를 주변 문맥(부지의 경계 또는 기존 인접 건물과의 근접 정도)과 연관시킴으로써 복잡성을 더할 수도 있습니다.

건축 후퇴 setback는 건물 규모의 외관을 통제하여 건물 근처의 지면에 더 많은 빛이 들도록 도와줍니다. 건축 후퇴 요건은 특정 지점 위로 건물 벽이 수직적으로 솟는 걸 막을 수 있습니다. 예를 들어, 건물 정면 벽이 85피트 높이에 도달한 후 벽이 더 높이 올라가기 전에 수평으로 10피트 이상(계획상)의 수평 후퇴가 있어야 한다는 것을 의무화하는 것입니다. 조닝은 또한 주어진 높이 이상의 벽이, 주어진 각도 또는 경사도의 가상 평면(때로는 **하늘노출면** sky exposure plane이라고도 함) 내에서 뒤로 물러날 것을 요구할 수 있습니다(예: 4피트마다 수평으로 1피트 후퇴). 건축 후퇴 요건은 인구 밀도가 높은 지역에서 흔히 볼 수 있습니다.

조닝은 다양한 요구 사항들로 해당 부지에서 건물이 어떻게 놓이는지를 관리할 수 있습니다. 부지에서 지면으로부터 하늘을 볼 수 없는 부분인 건폐율 lot coverage을 제한하는 것은, 오픈스페이스 open space이며 일반적으로 부지 크기의 백분율로 표시됩니다. 건폐율 제한은 상대적으로 밀도가 낮은 지역에서 가장 일반적이며. 고밀도 도시 지역에서는 100% 건폐율이 허용되는 경우가 많습니다. 부지에서의 또 다른 제한 사항은, 그 건물과 인접한 건물 및 공공 도로(보도와 거리)에서, 사생활, 빛과 공기를 제공하기 위해 일반적으로 프로젝트 부지 경계에서부터 건물의 전면, 측면 및 후면의 후퇴(보통 각각 앞마당, 옆마당, 뒷마당으로 알려져 있습니다)를 요구합니다.

조닝 법규의 기본 용도와 규모의 통제 이외에도, 조닝은 노외주차 off-street parking(많은 경우 교외 상업 또는 공동주택 프로젝트의 주요 요소)와 간판 signage(크기, 위치 및 조명 여부)에 대한 요구 사항도 명시합니다. 조닝은 또한 지역의 도시 설계에 기여하는 외관 사안인 디자인 관리 design control도 포함할 수 있습니다. 예를 들어, 도시는 블록의 전체 파사드나 공공 공간의 가장자리를 유지하기 위해 특정 지역에서 건물의 파사드를 대지경계선에 맞추고 일정 높이(그 이상도 이하도 아닌)까지 계획하도록 요구할 수 있습니다. 또한 파사드의 재료를 의무화할 수 있습니다. 예를 들어, 거리에 면한 파사드의 일정 비율이 석회암과 같은 밝은 색상의 마감재여야 하는 것입니다. 뉴욕의 타임스 스퀘어의 경우, 신축 건물은 파사드의 일정 부분을 서로 다른 높이(눈높이, 차양 높이, 멀리서 보이는 높이)로 계획해야 하며, 공공 공간의 역사적이고 활기찬 엔터테인먼트 특성을 보존하고 향상하기 위해 키

네틱(움직이는) 간판으로 조명 설치를 통해 밝혀지도록 계획하여야 합니다.

분명히, 조닝은 우리가 설계하는 건물에 대해 많은 것을 말하고 통제력을 행사합니다. 이 요약본은 가장 기본적인 문제만을 다룹니다. 진정으로 장소의 외관과 작동방식에 대해 영향을 미치고 싶은 건축사는 조닝 법 작성에 참여해야 합니다. 이것은 어떠한 개별 건물보다 건조 환경에 더 큰 영향을 미칩니다. 실무 건축사의 관점에서, 특히 도시에서 고객 자산의 잠재력을 극대화하는 동시에 지역을 향상시키려면 (이는 항상 고객의 이익뿐만 아니라 지역 사회의 이익에도 기여합니다) 조닝의 복잡한 사안들에 대한 지식이 있어야 합니다. 이를 통해 창의적인 해결책을 찾을 수 있습니다.

건축학교에서 일반적으로 가르치는 분석 기술은 아니지만, 철저한 조닝 분석을 수행할 수 있는 능력은 건축사가 고객에게 제공할 수 있는 전문지식의 범위를 넓혀 줍니다. 예를 들어, 부동산 소유자는 허용된 용도 및 최대 개발 면적 Maximum buildout(조닝 법규에서 허용하는 최대 바닥면적과 최상의 외피형상)을 결정하기 위해, 부동산의 잠재적 사용 방법을 연구할 목적으로 당신을 고용할 수 있습니다. 이를 통해 소유주가 부동산에 대한 개발 전략을 선택하거나 다른 사람에게 매각할 경우 부동산의 잠재력을 이해할 수 있습니다. 조닝 지도에서 시작하여 부지가 위치한 지역을 찾은 다음 텍스트에 설명된 대로 다양한 사안에 대해 알 수 있습니다. 기존 건물의 소유주가 현행 조닝 법에 따라 연면적이 얼마나 추가될 수 있는지 알고 싶다면, 조닝 지도와 텍스트를 통해서 해당 지역의 허용된 규모를 확인하면 답을 찾을 수 있습니다. 또한, 건물의 특정 용도와 크기가 필요한 건축주는, 해당 용도가 허용되는 조닝의 지역, 지구와 건축주의 프로그램 요구 사항 수용에 필요한 부지의 크기 등에 대한 조언을 듣기 위해 당신을 고용할 수 있습니다. 이 경우의 시작점은 텍스트이며, 이 텍스트는 용도가 허용되는 지역을 명시합니다. 그러면 지도는 해당 지역의 위치를 알려줍니다.

이러한 서비스를 제공할 수 있는 건축사들은 프로젝트의 초기 형성 단계에서 수요가 많으며, 종종 프로젝트 전체를 따냅니다. 게다가 건축주들은 일반적으로 토지 이용법을 전문으로 하는 변호사보다 자격을 갖춘 건축사를 선호합니다.

Building Codes
건축법규

조닝은 건물을 주변의 더 큰 맥락과 관련짓습니다. 건축법규는 안전, 건강 및 위생과 관련된 사안들을 다루며 건축물이 안정적이고 구조적으로 적합하며, 적절한 빛과 공기를 제공하고, 화재 또는 다른 재해가 발생할 경우 안전하게 대피할 수 있으며, 일반적으로 사용하고 거주하기에 적합하도록 합니다. 화재, 홍수, 폭풍, 테러, 설계 및 시공오류와 같은 주요 자연 및 인공 재해로 인해 수년 동안 주요 법 개정을 위한 정치적 자극을 창출하기에 충분한 재산 피해와 인명 손실이 발생하였으며, 이는 소유주, 거주자, 이웃 및 공공 안전 관련자들에게 더 건물이 더 안전해지도록 해주었습니다. 더 안전한 건물은 의심할 여지 없이 단기적으로는 더 많은 비용이 들지만 장기적으로는 더 적은 비용이 듭니다.

조닝 법과 마찬가지로, 각 관할 구역은 사용할 건축법규를 (해당

주의 요구 사항에 따라) 선택합니다. 대도시는 전통적으로 자체 건축법규를 제정하고 수십 년에 걸쳐 발전시켜 왔습니다. 많은 주에서는 주거, 상업, 교육시설 또는 이들 조합에 대한 자체 법규를 가지고 있으며, 이러한 법규는 해당 주 안의 시 당국들이 사용할 수 있습니다. 많은 관할 구역에서 세 가지 주요 '모델' 법규 중 하나를 사용하기로 선택하는 경우가 많습니다. 이 세 모델 법규는 각각, 국제건축관계자및법규관리자협회 Building Officials and Code Administrators International, BOCA, 국제건축관계자협회 International Conference of Building Officials, ICBO, 국제남부건축법규협회 Southern Building Code Congress International, SBCCI입니다. 2000년에, 이 세 곳의 모델 법규 작성자들은 공통 모델 법규인 국제건축법규 International Building Code, IBC를 작성하기 위해 합류했습니다. 이 법규는 지역 법규로 그대로 채택되거나 지역에 맞도록 수정을 통해서 채택할 수 있습니다. 분명히, 많은 관할 구역에 적용되는 하나의 공통 법규를 사용하면 모든 사람의 삶이 훨씬 쉬워질 것입니다. 여기에는, 여러 장소에 건축물을 짓는 건축사, 엔지니어, 건설사, 그리고 건축 제품을 다양한 법규의 요구 사항을 준수하도록 설계, 제작 및 테스트를 거쳐야 했던 제조업체 등이 있습니다.

많은 관할 구역에서 건물 유형과 건물 구성요소 또는 하위 시스템에 따라 여러 법규를 사용합니다. 예를 들어, 국제건축법규 IBC는 1가구와 2가구 주택용(국제주택법규 International Housing Code), 그 외에 다른 모든 건물용, 그리고 기존 건물 작업용 등 다양한 버전으로 제공됩니다. 다른 법규(IBC의 일부 또는 미국소방협회 NFPA와 같은 다른 국가 단체가 작성하거나, 지방정부 당국에서 작성한 법규)는 전기, 배관, 에너지 절약, 화재, 사설 하수 처리 등을 다룹니다.

IBC는 보다 성과에 기반하고 덜 규범적이도록 고안되었습니다(만약 이것이 무엇을 의미하는지 기억나지 않는다면, 프로젝트 매뉴얼의 기술 영역, 5장을 검토하십시오). 건축법규는 새로운 디자인 아이디어, 재료 및 제작 방법의 개발과 사용을 장려하도록 한 것이며, 더 저렴하고 안전한 건물을 만들기 위한 것입니다.

조닝 법과 마찬가지로, 대부분의 건축법규는 법규가 어떻게 관리되어야 하는지 설명하고 사용되는 기술 용어를 정의하는 것으로 시작합니다. 대부분의 경우, 건물의 다양한 건설 분류 construction classification[7]를 열거하는데, 가장 내화성이 높은(구성요소가 연소되지 않고, 모든 구조 부재가 화재로부터 잘 보호되며, 건물의 일부 구역이 다른 구역으로부터 화재가 확산되지 않도록 잘 보호됨) 것부터 가장 내화성이 낮은(예를 들어, 모든 자재가 가연성이며 구조적 또는 기타 구성요소가 화재로부터 안전하게 보호되지 않는 '목조' 주택) 것으로 열거됩니다. 또한 법규는 일반적으로 다양한 점유 occupancy[8] 유형을 정의합니다. 한 공간에 많은 사람이 함께 점유하도록 설계된 건물(집회 assembly)에서부터 주거 용도로 설계되거나 점유자가 없는 건물(창고 storage)에 이르기까지, 안전을 위해 가장 많은 규정이 필요한 것에서부터 가장 적게 필요한 것까지 순서대로 정의합니다.

건설 및 점유에 대한 두 가지 분류는, 각각의 건설 및 점유의 조합에 대한 높이(피트 및 층 단위)와 층당 바닥 면적의 제한을 보여주는 표에서 상호 연관되어 있습니다. 당연히, 더 위험한 용도를 위해서는 더 내화성이 높은 건물이 필요하고 덜 위험한 용도를 위해서는 더 내화성이 낮은 건물이 필요합니다. 일반적으로 건축법규는 이와 관련하여 두 개의 제한 표를 포함하는데, 하나는 스프링클러가 없는 건물에 대한 것이고 다른 하나는 스프링클러가 있는 건물에 대한 것입니다 (스프링클러 시스템은 자동으로 화재를 진압하여 건물의 안전성을 크게 향상시키기 때문에, 스프링클러가 없는 건물의 건설 및 점유와 동일한 조합일 경우에 비해, 스프링클러가 있는 건물의 높이와 면적 제한은 훨씬 덜 엄격합니다. 이러한 완화된 제한은 스프링클러 시스템 설치 비용을 충분히 보상할 수도 있습니다). 또한 법규는 자동 스프링클러 시스템('화재 진압 시스템') 및 기타 생명 안전 시스템의 설계 및 시공에 대한 요건을 정의합니다.

일부 관할 구역에서는, 법규가 적용되는 지역의 일부가 다른 지역보다 더 빠르고 더 나은 소방 접근성을 갖고 있으며, 이는 법규 요건이 다른 다양한 방화지구 fire district를 형성합니다.

건축법규에서 중요한 주제 중 하나는 피난로 means of egress로 화재 발생 시 점유자의 피난에 관한 것입니다. 건설 분류, 점유, 대피시켜야 하는 인원 등에 대한 요건은 각기 다릅니다. 피난 요구사항에는 출구 수, 피난 통로 및 계단의 폭과 디자인, 그리고 출구가 연결되는 위치(옥상 또는 건물 외부와 같은 보호된 구역)가 포함됩니다. 두 번째 출구 선택권을 제공하기 전에 허용되는 최대 막다른길 dead-end의 길이도 지정될 수 있습니다. 출구 표지판 및 피난 경로에서 길 찾기를 위한 조명도 규정됩니다. 그리고 법규는 항상 시간(1시간, 2시간) 단위로 피난 경로의 다양한 부분이 인접한 화재로부터 얼마나 보호되어야 하는지 규정하고 있습니다.

대부분의 건축법규는 건물과 마감재가 얼마나 빨리 불이 번질지, 그리고 불에 탈 때 유독가스의 발생 여부를 고려하여 연소할 수 있는 범위를 명시하고 있습니다.

건축법규는 또한 재료와 장비에 대한 일반 요건, 용도, 시험에 관해 다룹니다. 일부 관할 구역은 자체 표준에 따른 시험을 요구하며, 다른 관할 구역은 정부 또는 민간 기관의 시험 및 등급을 인정합니다.

건축법규는 하중 용량, 건물 기초 및 모든 구조 부재와 시스템에 대한 구조적 요구 사항을 명시합니다. 거기에는 중력, 바람, 홍수, 눈, 비, 지진력에 대한 설계 및 시험 요건들을 열거합니다. 프리패브리케이션[9]과 같은 특수 구조 형태, 엘리베이터와 같은 특수 시스템 및 천창과 같은 다양한 건물 구성요소는 법규에서 제어되는 경우가 많으며, ADA 준수 및 에너지 효율 요건에 관한 것도 마찬가지입니다.

만약 건축법규가 특이하거나 대담한 디자인의 실현에 있어서 큰 걸림돌로 생각된다면, 건축법규의 목적은 건물을 안전하게 만들도록 돕는다는 것을 기억하십시오. 법규 작성자가 때때로 과보호하는 부모처럼 보일 수도 있겠지만 그들의 의도와 목표는 비슷하게 건전합니다. 법규 작성자가 미처 예상하지 못한 건물을 짓고자 하는 책임감 있는 건축사의 책무는 의도한 수준의 안전성을 유지하는 것입니다. 놀랍게도 여기에는 독창성과 발명이 필요할 수 있습니다.

Other Public Constraints
기타 공공 제약

만약 당신이 조닝과 건축법규만 다뤄야 할 것으로 생각했다면 나쁜 소식이 있습니다. 그렇지 않습니다. 교외 지역에는 주요 획지분할 요건 subdivision requirements이 있습니다. 이것은 검토 및 허가 절차를 포함하며, 지역사회의 접근성(평상시 및 비상시 모두. 몇몇 사람들은 교외 지역이 엄격하게 소방차를 위해 설계되었다고 말하곤 합니다), 밀도, 배치, 하수, 빗물 유출수, 공공시설 및 수도 공급의 목표 달성을 위한 것입니다.

자신의 지역사회 특성과 건축 유산의 가치의 진가를 인식하는 오래된 시와 도시들은 다양한 종류의 **역사 보존** historic preservation 법(개별 건물, 그리고 일관된 디자인 구조를 가진 지역 모두)을 제정했으며, 세금 공제 또는 조닝 보너스로 보존에 대한 인센티브를 제공합니다. 이 법률은 권고적이거나 강제적일 수 있으며, 경제적 어려움이 입증된 경우를 제외하고는 철거 또는 부적절한 변경을 금지합니다. 미국 연방대법원은 강제적 보존 행위가 보상이 필요한 재산의 '탈취 행위'가 아니라고 판결했지만, 시 계획 위원회와 같은 일부 지방정부 단체들은 낡은 건물을 보존하는 것이 소유주에게 어려움을 줄 수 있다는 점을 이해하고 있습니다. 이러한 문제들(예를 들어, 역사적인 건물에서 ADA 접근성을 제공하는 것)은 창의적인 대처가 필요합니다.

일부 지자체는 랜드마크 위원회의 엄격한 통제를 받지 않더라도 일괄된 건축 양식이 있는 지역(예를 들어, 모든 주택에 미늘판 외벽 사이딩, 경사지붕, 6오버 1창문[10]이 있는 지역)의 신축 및 기존 건축물을 위한 **설계심의위원회** design review board를 설치했습니다. 이러한 위원회는 설계가 반드시 주변 맥락에 부합하도록 하게 합니다. 위원회는 보통 지역 공무원과 건축사들로 구성되는데, 그들은 단순히 규범적인 규칙(예를 들어, 해당 지역의 다른 건물과 어울리는 지붕과 재료와 색상을 요구하는 것)을 적용하기보다는 각 프로젝트의 외관과 느낌을 평가하는 경우가 많습니다.

조닝과 건축법규, 역사 보존법이 존재하기 전에는 토지 판매자가 구매자에게 요구하는 사적규약 private covenants이 있었습니다. 이러한 사적규약은 대부분 정부의 규제로 대체되었지만, 여전히 많이 존재합니다. 예를 들어, 우리 회사는 인접한 여러 대지를 소유하고 있는 판매자로부터 건물 부지를 구입한 고객을 위해 집을 설계한 적이 있습니다. 그 판매자는 우리 고객이 집을 지을 때, 자신이 무엇을 볼 것인지에 대해 많은 관심을 갖고 있었습니다. 이 거래에는 시공 전에 판매자의 주택 설계 승인을 받아야 하는 행위 제한 사항이 포함되어 있었습니다. 하지만 판매자가 염두에 둔 것은 우리 고객이 원하는 것과 달랐습니다. 처음에는 고객이 마음에 들어하는 집을 설계했지만, 판매자는 그렇지 않았습니다. 우리는 두 당사자 모두가 마음에 드는 해결책을 찾을 때까지 여러 번 다시 설계했습니다. 때때로 건축사는 건축사라기보다 유엔 협상가처럼 느껴지기도 합니다.

예외허가

때때로 건축주 및 지역사회의 최상의 이익이나 요구 사항이 조닝 및 건축법규와 충돌할 수도 있습니다. 예를 들어, 특수한 용도나 재료를 고려 중이거나 부지의 모양이나 지형이 너무 불규칙하여 일반적인 높이 및 후퇴 요건이 적합하지 않는 경우 등이 있을 수 있습니다. 적용해야 할 법률을 준수(권리적 as-of-right[11] 건물)할 수 없거나 혹은 못하는 경우, 건축주는 법률의 특정 부분에 대한 면제를 해당 지역 관할권에 신청할 수 있으며, 이를 예외허가 variance 라고 합니다. 예외허가 신청은 간단할 수도 있고(지역 계획 및 조닝 위원회에 출석 및 발표), 아니면 많은 서류, 발표, 청문회 출석을 준비해야 하는 등 상당히 복잡할 수도 있습니다. 모든 조닝 및 건축법규는 예외가 가끔 필요할 것으로 예측하고 이를 고려하기 위한 메커니즘을 제공합니다.

조닝과 건축법규는 여러 부분들로 이루어진 흥미로운 미적분학과 같습니다. 모든 건축사가 이러한 관점을 공유하는 것은 아니지만, 조닝과 건축법규를 수용하는 일은 어려운 퍼즐처럼 도전적이고 자극적인 작업이 될 수 있습니다.

미주 ————————————————————————————

[1]   우리나라의 용도지역지구제와 같다.
[2]   미국의 경우, 도시계획과 도시설계와 관련된 사항은 조닝(Zoning) 법에서 다루고, 개별 건물의 기능과 안전성에 관련한 사항은 건축법규(Building Code)에서 다룬다. 건축법규는 각 주 또는 시 차원에서 채택되며 이 경우 실질적인 건축 행위에 적용이 된다. 또한 이러한 모델 법규(Model Code)는 시 특성에 맞게 부분적으로 개정될 수 있다. 건축법규는 3년마다 개정되며 비영리기관인 ICC(Intenational Code Council)에서 개발·보급한다. 한국의 건축법은 개별 건축물의 규모, 구조, 설비 및 대지에 관한 사항들 외에도 지역지구제에 따른 건축제한 및 규제절차들이 포함되어 미국 건축법규에서 다뤄지는 내용의 범위보다 넓다.
[3]   미국 장애인법(Americans with Disabilities Act, ADA)은 1990년 미국에서 제정된 법으로 장애로 인한 차별을 금지하는 법안이다.
[4]   한국의 경우 용적률을 퍼센트로 표시한다. 예를 들어, 미국 FAR 2의 경우 한국에서 용적률 200%와 같다.
[5]   건물 전체나 부분을 특정 기준에서부터 후퇴(setback)시키는 것을 의미한다.
[6]   메자닌(mezzanine)은 건물의 두 주요 층 사이의 낮거나 부분적인 층을 지칭한다.
[7]   국제건축법규(IBC)에서는 건설분류(Types of Construction)를 내화성능에 따라 5가지로 분류한다.

[8] 국제건축법규(IBC)에서는 점유분류(Occupancy Classification)를 총 10가지로 한다. 그 예로, 집회(Assembly), 업무(Business), 고위험시설(High Hazard), 창고(Storage) 등이 있다.

[9] 프리패브리케이션(prefabrication). 사전제작공법을 말한다.

[10] 내리닫이창의 한 종류로 위쪽 창문의 유리가 6조각이고, 밑쪽 창문의 유리는 한 장인 창문 양식이다.

[11] 권리적, 즉 법과 규정을 모두 준수한 권리적 개발을 의미한다.

건축사라는 직업의 미래
The Future of the Profession

요기 베라Yogi Berra의 말을 빌리자면, "미래는 아직 일어나지 않았기 때문에 예측하기 어렵습니다." 그럼에도 불구하고, 현재의 추세를 통해 가능한 결과를 보고, 과거의 실수로부터 배우고, 다른 사람들이 어디에서 성공했는지 보고, 그리고 그러한 교훈을 깨닫고, 우리가 미래에 무엇을 더 잘 할 수 있을지 추측함으로써, 우리는 건축사 직업의 더 나은 미래를 만들기 위해 행동할 수 있습니다. 건축사는 본질적으로 낙천주의자여야 합니다. 우리는 미래를 위해 건설합니다. 우리는 큰 역경을 무릅쓰고 그것을 이룩합니다. 우리는 강인한 마음가짐, 의지, 훈련, 그리고 미래가 더 나아질 수 있다는 확고한 믿음 없이는 둘 중 어느 것도 할 수 없습니다. 그러나 저는 우리가 피할 수 있는 몇 가지 함정을 강조하기 위해, 필요한 조처를 할 수 있는 미래에 대한 비관적인 견해로 시작할 것입니다.

건축사들은 높은 수준의 디자인을 건축하는 데 매우 비용이 많이 들고 부유하고 사치스러운 고객들을 위한 드문 프로젝트에만 적합한 예술 형태로 만드는 결과로 점점 더 무관해짐으로써 소외될 수 있습니다. 건물을 더 잘 짓고 더 유용하게 만들기보다는 새로움을 위해 달라지는 것을 추구하는 것은 건축사에 대한 사회의 필요성을 감소시키고, 우리를 무명의 하찮은 존재로 만들 것입니다. 명성과 인기의 함정은 우리의 가치와 사명을 왜곡할 수 있으며, 합리적인 건축사들이 할 수 있는 프로젝트는 점점 줄어들 것입니다.

건축사는 동일한 서비스를 제공하는 전문가로 간주되고, 비용이 적게 드는 서비스에 의해서만 구별되는, 마치 상품과 같은 존재가 될 수 있습니다. 이는 결국 더 낮은 품질의 서비스를 제공하고, 우리가 상품이라는 생각을 강화하며, 결국에는 정말로 쓸모없는 존재가 될 것입니다.

만약에 비용이 중심인 직업에서 건축사에 대한 대가가 감소한다면, 일하지 않고 생활할 수 있는 사람들만 실무를 할 여유가 있을 것이고, 건축사가 제공할 수 있는 역할은 줄어들게 되어 결국에는 건축사가 그들의 건축주에게 줄 수 있는 서비스의 질과 가치를 떨어뜨리게 할 것입니다.

이 각각의 운명에 대한 견해에는 해독제가 있습니다. 광범위한 고객에게 유용하고 적절해야 합니다. 이를 위해서는 여러분은 다른 건축사들보다 더 잘할 수 있는 서비스에 집중해야 하며, 이러한 고유한 기술을 필요로 하고 이익을 얻을 수 있는 건축주에게 제공해야 합니다. 건축사가 제공하는 혜택에 대해 건축주와 사회에 교육함으로써 건축사에 대한 대가 및 보상체계를 개선해야 합니다.

다음은 현 상황을 개선하고, 위에서 언급한 비관적인 결과를 피하고자 수행해야 하는 몇 가지 구체적인 사항들을 제시하고자 합니다.

우선 건축사가 제공할 수 있는 가치에 대해 가르치도록 합시다. 아이들이 나쁜 디자인과 좋은 디자인의 차이를 이해할 수 있도록 건축 환경에 대해 교육하세요. 정보에 입각한 대중은 더 나은 설계를 요구하고 얻을 수 있을 것입니다. 이것은 설계가 모든 어린이 교육의 필수 교과목인 북유럽 스칸디나비아 국가들에서 시행되고 있습니다. 그곳의 설계 기준은 건물, 제품, 그래픽과 같은 모든 분야에 걸쳐서 높습니다. 이를 위해 5년 또는 10년 계획보다는, 미래에 대한 장기적인 약속 또는 헌신적인 실천으로 아마도 50년 계획으로 생각할 수 있겠습니다.

예를 들어, 뉴욕 건축재단의 '디자인으로 배우기 Learning By Design' 프로그램은 훈련된 건축사를 교사로 공립학교에 보내어 해당 학생들에게 건축 환경에 대한 중요성을 가르침으로써 이를 수행합니다. 또한, AIA에서 진행하는 교육 프로그램과 건축사에 의한 일반 시민의 참여가 중요할 수 있습니다.

건축 전문 교육기관에서의 교육 시스템을 개선합시다. 하워드 로크라는 본보기 대신에 사회적으로 적합하고 유용한 건축사 양성을 핵심 목표로 변경할 필요가 있습니다. 이는 부지불식간에 건축학교에 유행, 스타일, 개성에 대한 미화에서 벗어난 근본적인 변화로부터 시작합시다. 기술 교육에 관한 관심과 이에 대한 교육 시간을 늘립시다. 여러 유럽 국가에서 건축학과 학생들은 설계만큼 재료, 방법, 그리고 건축 기술을 배우는 데 많은 시간을 할애합니다. 우리는 건축의 전문성과 실무의 기술적 측면에 실질적으로 더 전문성을 가진 학생들을 배출할 필요가 있습니다. 이것은 또한 교육기관이 건설 산업이나 건물을 구성하는 제품을 생산하는 제조업체보다 더욱 더 엄격한 조건에서 스스로 발전시키면서 이러한 문제에 더 집중하도록 도울 것입니다. 건축

관련 비즈니스 측면(비즈니스, 금융 및 마케팅 프로젝트로서의 실무 수행)에 대해 상세하게 가르칩시다. 학생들, 현재 및 미래의 건축 교육자들, 실무자, 건축주 그룹은 이러한 변화를 요구해야 합니다.

건설업계에서 리더십의 역할을 되찾읍시다. 보다 내실이 있는 서비스를 제공합시다. 건축사들은 건물을 설계하는 것뿐만 아니라 건물을 잘 짓고 효율적으로 짓도록 건축주에게 모든 측면에 대해 조언하는 것에 있어서 그 누구보다도 더 잘 훈련되어 있습니다.

건설업계를 새로이 재편합시다. 제조업, 컴퓨팅 및 정보통신업, 통신 업계 및 의료업계와 같은 미국 경제의 다른 부문과 비교하면 건설업은 비참하게도 아직도 오래된 관행을 고수하고 있습니다. (설계이론을 제외하고) 정부, 학계 또는 민간 산업에 의해 수행된 순수하거나 이론 적인 연구는 거의 없습니다. 위에서 언급한 다른 경제 부문 내에서 지난 20년 동안 보였던 변화와 비교하면, 건설업은 사실상 제자리걸음을 하고 있습니다. 이제 혁명을 위한 시기가 무르익었습니다.

저는 몇 가지 사소한 변화나 몇 가지 더 나은 재료에 대해 말하는 것이 아닙니다. 저는 FedEx가 재료 전달 시스템을 완전히 재고하고 변화시킨 것과 유사한 전면적이고도 완전히 새로운 방식의 혁신에 대해 말하는 것입니다. FedEx의 예에서 보듯이 건설업에서의 혁명은 반드시 건축, 공학, 경영, 법률, 경제, 정치의 학문이 결합한 학문적 환경에서 비롯되어야 한다고 생각합니다. 건설 산업에는 정말로 똑똑한 사람들이 많이 있지만, 그들은 이론적인 것보다는 실용적이고 현장에서 경험을 얻는 경향이 있습니다. FedEx가 비즈니스 학교 프로젝트에서 성장하여 기존의 패키지 배송 시스템에 대한 검토가 아닌, 수학적 컴퓨터 모델을 기반으로 했던 것처럼, 건설업에서의 혁명은 위에서 언급된 학제 간 그룹에 의해 형성된 새로운 이론적 모델을 기반으로 이루어져야 하며, 아마도 이는 대학교육기관에서부터 변화가 일어나야 할 것입니다.

정부, 민간 산업 및 개발업자와 같은 이 혁신으로부터 상당한 이익을 얻을 수 있는 거대한 건축주 그룹이 너무 많기 때문에 이러한 노력이 잘 제시된다면, 그들은 기꺼이 자금을 지원할 수 있을 것입니다. 어떤 그룹이 이런 진전을 이루든 그것을 실행에 옮기고, 구태에 기반한 건설업을 혁신함으로써 얻을 수 있는 막대한 보상을 거둘 수 있을 것입니다. 이것이 바로 우리가 찾아야 할 성공의 열쇠입니다!

새로운 관계를 구축합시다. 우리가 종종 그러하듯이, 때로는 '필요악'이거나 일을 빠르고 효율적으로 처리하는 데 방해가 되는 '제외되는 이상한 그룹'이 되는 대신, 우리는 항상 팀의 핵심적이고 필수적인 구성원이 되어야 합니다. 우리가 팀을 이끌어야 한다고 말하는 것은 유혹적이지만, 조금 더 겸손하게(항상 우리의 강점은 아니지만) 더 나은 파트너 또는 팀의 일부가 되는 것부터 시작합시다. 우리가 유용하고 건설적이며, 건축주와 시공자 모두의 목표와 제약을 이해하고 공감한다면, 우리는 더 나은 대우를 받을 것이고, 프로젝트를 더 잘 수행할 수 있을 것입니다.

단지 시간이나 서비스뿐만 아니라 아이디어도 판매합시다. 우리가 제공하는 것이 무엇인지, 우리의 기술에 대한 보상은 어떻게 이루어져야 하는지 다시 생각해보기 바랍니다. 건물의 유용성과 즐거움은 시간이 흘러도 오래 지속되므로, 우리는 단지 건물의 탄생에 대한 보상보다는 성공적인 삶에 대한 보상을 받아야 할지도 모릅니다. 단순히 시간이나 서비스의 일회성 판매보다 책과 음악 작가의 '저작권 royalty' 모델이나,

평생 받을 수 있는 '사용세 use tax'가 더 적절한 방법일 것입니다. 또 다른 모델은 프로젝트의 '파트너'가 되어 평생 보상(및 리스크)을 공유하는 것입니다.

더 나은 설계의 가치를 수량화합시다. 우리는 더 잘 설계되고 더 잘 고안된 건물이 더 쉽고, 보다 효율적이며, 훨씬 저렴하게 건설하고 관리할 수 있다는 것을 알지만, 얼마나 더 나은지 실제로 측정할 수 없다면 더 나은 설계의 진정한 가치를 설득력 있게 주장(또는 판매)하기 어렵습니다. 우리는 공장이든 사무실이든 설계가 잘 이루어진 직장에서 일하는 직원들이 일을 더 잘하고, 그들에게 지급되는 모든 월급이 더 많은 결과를 낳는다는 것을 잘 알고 있습니다. 그러나 건축주에게 더 많은 자금을 설계와 시공에 쓰도록 하는 것은 어려운 일입니다. 더 나은 설계는 평범한 설계보다 약간 더 많은 비용이 듭니다. 그러나 우리가 아주 작은 추가 비용으로 알고 있는 것의 엄청난 경제적 이익을 정량화할 수 없다면, 프로젝트의 더 큰 계획과 생애주기 비용에서 건축주가 추가적인 지출을 하도록 설득하는 것은 어렵습니다. 우리는 결과를 측정하고, 정량화하고, 비교하는 것을 믿는 사회에 살고 있습니다. 우리가 그 사실들을 제공할 수 있을 때까지 그것은 판매하기가 어렵습니다. 따라서, 건축사들이 설득력 있는 사실로 건축주들을 설득하기보다는, 그들이 더 나은 설계와 더 높은 품질의 건물을 건축사에게 요구하도록 하는 것이 더 쉬울 것입니다.

CAD 및 BIM을 더 잘 활용합시다. 건축사들은 이제 CAD 및 BIM에서 매우 정확하고 데이터가 풍부한 도면과 건물의 3차원 표현을 제작하지만, 대부분의 시공자는 이러한 디지털 파일에서 인쇄할 수 있는 종이로 된 도면만 원합니다. 그들은 결국 50년 전에 했던 것과 같은 종이로 된 도면 세트를 사용하게 됩니다! 건축사와 엔지니어의 CAD 또는 BIM 파일을 직접 최대한 활용할 수 있는 건설업체는 종합건설업자, 하도급자 또는 제작업체 중에서 극소수에 불과합니다. 확실히, 일부 제작자들은 컴퓨터 보조 제조 Computer Aided Manufacturing, CAM에 디지털 데이터 파일을 활용하고 있지만, 이는 여전히 매우 드물게 이루어집니다. 언젠가 우리는 CAD 또는 BIM 파일 세트를 보낼 것이고, 누군가가 그것을 마법의 블랙박스에 넣고, 완성된 건물로 튀어나올 것입니다. 이는 더 이상 소란스럽지도 않고, 혼란스럽지도 않습니다.

또 다른 생각. 저는 단지 한 사람일 뿐입니다. 이 책의 모든 독자는 자신만의 독창적인 아이디어를 가지고 있습니다. 우리의 아이디어를 결합하고 확장합시다. 만약 실무, 설계, 기술, 그리고 건물 생산에 대한 모든 지식을 사용하여 우리의 직업 목표에 초점을 맞춘다면, 우리는 우리를 앞으로 나아가게 하고 우리의 직업을 건축 산업의 최전선으로 되돌려 놓을 새롭고 더 나은 가능성을 발견할 것이며, 마땅히 받아야 할 대가와 존경을 얻을 것입니다.

ㅈ

| 지은이 |

폴 시걸(Paul Segal, FAIA)

폴 시걸은 폴 시걸 어소시에이츠 건축사 사무소의 파트너로, 17개의 AIA 어워 드에서 디자인 우수상을 수상했다.

프린스턴대학교 건축대학을 졸업하고 컬럼비아대학교 건축, 계획 및 보존 대학원에서 여러 세대의 학생들에게 전문 실무 교육을 가르쳤다. AIA/뉴욕 지부 및 뉴욕 건축재단(현 건축 재단 센터)의 전 회장이며 뉴욕주 보존 연맹의 전 부회장을 역임한 바 있다.

| 옮긴이 |

김진호

인천대학교 도시건축학부 교수로 재직 중이다. 귀국 이전에는 미국 시카고에 위치한 레갓 아키텍츠(Legat Architects)에서 일리노이 및 위스콘신 등록 건축사로서 건축설계 및 계획을 중심으로 실무경험을 쌓았다. 경북대학교에서 건축공학과를 졸업 후 미국 일리노이 주립대학교(University of Illinois at Urbana-Champaign)에서 건축학석사(Master of Architecture) 학위를 받았다.

관심 분야는 건축설계 교수법, 친환경건축, 연구소 건축 계획 등이다. 역서로는 《건축가를 위한 도면표현기법》(씨아이알, 2022) 《건축구조 도해집》(씨아이알, 2023)이 있다.

김한규

인천대학교 도시건축학부 조교수이며, 미국 매사추세츠주 등록 건축사(AIA)이다. 성균관대학교에서 건축학사(B.Arch), 하버드대학교 디자인대학원(Harvard GSD)에서 건축석사(M.Arch1 AP) 학위를 받았다. 미국 보스턴의 CBT Architects에서 Senior Associate로 재직하며 미국건축가협회 수상작을 비롯한 다양한 스케일의 프로젝트에 참여하였다. 귀국 후, ㈜오감건축사사무소를 설립, 운영하였으며(2021-22), 국립정동극장 설계공모 3등, 원주시립미술관 설계공모 3등 등을 수상하였다.

건축실무

건축설계를 건축물로 구현하기 위한 안내서

초판 발행 | 2023년 8월 30일

지은이 | 폴 시걸(Paul Segal)
옮긴이 | 김진호, 김한규
펴낸이 | 김성배

책임편집 | 최장미
디자인 | 송성용, 엄해정
제작 | 김문갑

펴낸곳 | 도서출판 씨아이알
출판등록 | 제2-3285호(2001년 3월 19일)
주소 | (04626) 서울특별시 중구 필동로8길 43(예장동 1-151)
전화 | (02) 2275-8603(대표) **팩스** | (02) 2265-9394
홈페이지 | www.circom.co.kr

ISBN   979-11-6856-153-3 (93540)